高等学校应用型环境专业实验教材

环境化学与生物学监测实验技术

主编　李亚宁　李国东

编写　李亚宁　李国东　高　歆

南开大学出版社

天　津

图书在版编目(CIP)数据

环境化学与生物学监测实验技术 / 李亚宁,李国东主编. —天津:南开大学出版社,2013.11

高等学校应用型环境专业实验教材

ISBN 978-7-310-04346-0

Ⅰ.①环… Ⅱ.①李…②李… Ⅲ.①环境监测—化学监测—实验—高等学校—教材②环境监测—生物监测—实验—高等学校—教材 Ⅳ.①X83—33

中国版本图书馆 CIP 数据核字(2013)第 251565 号

南开大学出版社出版发行

出版人:孙克强

地址:天津市南开区卫津路 94 号 邮政编码:300071

营销部电话:(022)23508339 23500755

营销部传真:(022)23508542 邮购部电话:(022)23502200

*

天津泰宇印务有限公司印刷

全国各地新华书店经销

*

2013 年 11 月第 1 版 2013 年 11 月第 1 次印刷

260×185 毫米 16 开本 11.375 印张 280 千字

定价:25.00 元

如遇图书印装质量问题,请与本社营销部联系调换,电话:(022)23507125

《环境化学与生物学监测实验技术》编委会

主编：李亚宁　李国东

编写：（按姓氏笔画排列）

王佳楠　安鑫龙　李亚宁

李国东　刘　伟　刘　玺

高　歆

前　言

实验教学的目的是使学生通过学习，加深对基础理论、基本知识的理解；正确和较熟练地掌握实验技能和基本操作，提高观察、分析和解决问题的能力；培养学生理论与实际相结合的操作技能、严谨的工作作风和实事求是的科学态度，树立严格的“量”的概念，为学习后续课程和未来的实际工作打下良好的基础。

本书是按照普通高等学校本科专业规范，适应新形势下高等教育的人才培养模式，并结合南开大学滨海学院环境科学与工程系的教学现状，参考环境化学监测、环境分析化学监测以及环境生物学监测等多种实验经典教材内容编写而成。在保证基本知识的前提下，引进最新研究内容和研究方法，力求实验内容的基础性、实用性和先进性。本书既注重对学生在环境化学与生物学监测各领域基本实验技能的培养和锻炼，同时也在一定程度上反映了当前的一些新的研究动态和方法，在内容设计上特别注意与本院开设的其他实验课程的衔接，又尽量避免与相关实验课程的重复，具有很强的实用性和适应性。

本书由李亚宁、李国东策划组织编写并进行统稿工作。全书分为三篇，李国东编写第一篇，高歆编写第二篇，李亚宁编写第三篇。另外，河北农业大学的安鑫龙参与编写第三篇第九章的实验三和实验五以及第十一章的实验二；南开大学滨海学院的王佳楠参与了第三篇的部分编写工作；刘伟老师、刘玺老师也参与了部分书稿的编写与撰写工作。

在本书写作和出版过程中，得到了南开大学滨海学院院系两级领导和同事的大力支持和帮助；特别是刘庆余教授对写作大纲的拟定和文稿写作均提出了具体意见和建议。在写作过程中，编者也参考了兄弟院校的相关书籍资料，在此一并表示感谢！

本书可作为高等院校环境专业实验教材，主要面向高等学校应用型环境科学与环境工程本科专业，也可供相关专业技术人员参考。

由于时间仓促，加上编者水平有限，书中难免有疏漏和不妥之处，敬请读者批评指正。我们的联系方式：gd_liww@126.com。

编　者

2013 年 7 月于南开大学滨海学院

目　　录

第一篇　环境化学实验技术

第二篇　环境分析化学监测实验技术

第一篇
环境化学实验技术

第一章　环境化学实验基本要求

一、教学目的

环境化学实验是环境学科重要的实践课，与环境化学理论课共同构成这一方向上完整的课程体系。通过实验，使学生进一步理解和掌握化学污染控制理论的基本概念和原理，加深对该领域常用技术的认识；掌握常用仪器、设备的基本原理和性能，并能通过使用说明书正确操作；掌握常见污染物的分析方法、基本参数的测量方法；正确处理和分析实验数据、具备撰写实验报告的能力；基本掌握独立设计、研究环境化学控制技术的能力。同时，培养学生规范操作、实事求是、勇于创新的工作素质。

二、实验类型

本实验教学课程分为演示性、操作性、综合性、设计性实验类型。

1. 演示性实验

因为实验条件和场地的限制，以教师演示学生观摩的形式，验证理论、熟悉实验操作方法而进行的实验。

2. 操作性实验

学生按实验步骤亲手操作，分析相关指标，进行数据处理的实验形式。

3. 综合性实验

学生运用多个课程知识、几种实验方法，按照要求进行的实验。以此提高学生的综合实验技能。

4. 设计性实验

以培养学生灵活运用课程知识，进行创新实践为目的。给定实验目的、要求和实验条件，学生独立完成查阅资料，选择仪器设备，制定实验方法和步骤，并加以实现的实验。

三、学习方法

学习本课程不仅要求学生有严谨认真的实验态度，同时要求学生养成良好的学习习惯。

1. 实验预习

课前认真阅读实验教材，必要时查阅其他参考资料。要求做到：

（1）明确实验目的和要求；

（2）了解实验原理、熟悉实验操作步骤、有关仪器的使用和实验注意事项；

（3）了解数据记录、处理方法，拟出实验数据记录表格。

（4）认真写好预习报告。

2. 实验操作

（1）实验前，认真听取教师讲解，掌握实验原理、操作规范和注意事项，必要时进行提问和讨论。实验小组进行分工，明确试验任务。检查所需实验设备、仪器是否安全正常，药品是否完备。

（2）实验小组严格按照拟定的实验步骤，依次进行分工操作，必要时进行轮流操作使每位学生得到完整的锻炼。实验中做到胆大、细心，认真观察实验现象，勤于思考。若操作出现问题，可及时向教师报告进行处理。

3. 实验数据的读取

（1）在实验运行稳定后读取数据，要注意精度，估读至最小刻度的下一位，至少进行两次数据读数，以确认结果的可重复性。必要时重复实验以得到准确数据。数据记录在提前拟好的实验记录表格中，并标明各项的名称、单位等。数据记录真实、清楚，不得杜撰或随意删减原始数据。

（2）对实验结果要勤于分析思考，遇到问题，可查阅资料或与教师讨论，必要时可多次实验，以获得解决。

（3）若实验失败，要耐心检查原因，经教师同意后可以重做实验。

（4）数据测定完，经教师检查通过之后，可结束实验。整理仪器、设备、药品等恢复原始状态。

4. 实验报告编写

实验结束后应独立完成实验报告的编写，要求每位同学提交一份。在整理实验数据中，注意有效数字和误差理论的应用。分析实验结果，对实验现象以及出现的问题进行讨论，勇敢提出自己的见解，必要时对实验提出自己的结论。

实验报告要求字体工整，数据齐全，图表规范，通常包括的内容有：（1）实验名称；（2）实验目的；（3）实验原理；（4）实验装置流程图，仪器、设备规格说明；（5）实验简要步骤；（6）数据处理的主要步骤、图表，及实验结果；（7）实验结果讨论。

第二章　水环境化学监测实验

实验一　天然水系中苯系物的挥发速率监测

一、实验目的

1. 了解水体中有机污染物的挥发过程及其规律。
2. 掌握测定有机污染物的挥发速率及亨利常数的方法。
3. 了解影响有机污染物挥发速率的有关因素。

二、实验原理

挥发性有机污染物（VOCs）是一类具有较高毒性的化合物。许多挥发性有机物，例如卤代烷类、苯环类等具有“致癌、致畸、致突变”三致效应或可疑三致效应。近年来，我国发生多起挥发性有机污染物污染水体的环境突发事件，严重影响当地居民正常的生产生活。因此，挥发性有机污染物（VOCs）受到环境保护工作者及公众的普遍关注。

水环境中有机污染物随自身的物理化学性质和环境条件的不同而进行不同的迁移转化过程，诸如挥发、微生物降解、光解、水解以及吸附等。研究表明，自水体挥发进入空气是疏水性有机污染物特别是高挥发性有机污染物的主要迁移途径。水体中有机污染物的挥发作用主要是指其由水中的溶解态转变形成气态进入大气的过程。污染物的性质、水文和气象条件都会影响挥发过程的进行。

水中有机污染物的挥发符合一级动力学方程，其挥发速率常数可通过实验求得，其数值的大小受温度、水体流速、风速和水体组成等因素所影响。测定水中有机污染物的挥发速率，对研究其归宿具有重要的意义。描述水中有机污染物挥发过程的理论有多种模式，本实验主要是以较为成熟的双膜理论为实验理基础。

双膜理论是基于挥发性化学物质从水中挥发时必须克服来自近水表层和空气层的阻力而提出的。即化学物质在挥发过程中要分别通过一个薄的“液膜”和一个薄的“气膜”，有机物分子必须克服气液双模的阻力，这种阻力控制着化学物质由水向空气迁移的速率。这是双模理论的主要观点。

研究表明，对于有机毒物挥发速率的预测方法，可以根据以下关系得到：

$$-\mathrm{d}c/\mathrm{d}t = -K_v'(c - p/K_{\mathrm{H}})/Z = -K_v\,(c - p/K_{\mathrm{H}})$$

式中：c——溶解相中有机毒物的浓度；

K_v'——挥发速率常数；

K_v——单位时间混合水体的挥发速率常数；

Z——水体的混合深度；

p——在所研究的水体上面，有机毒物在大气中的分压；

K_H——亨利定律常数。

在实际许多情况下，化合物的大气分压是零，所以方程可简化为：

$$-\mathrm{d}c/\mathrm{d}t = -K_v c$$

由上述方程式可知，有机污染物在水体中的挥发过程符合一级反应的动力学方程，挥发速率与水体中所溶解的有机污染物浓度成正比。

由一级反应的特性，可求得有机物质挥发掉一半所需的时间，紧半衰期 $t_{1/2}$ 为：

$$t_{1/2}=0.693/K_v$$

挥发性物质在气相和溶解相之间的相互转化过程，其含量关系遵循亨利定律，根据亨利常数的定义：

$$K_H=p/c_w \quad \text{或者} \quad K_H'=c/c_w$$

式中：K_H'——亨利定律常数的替换形式，无量纲；

c_w——污染物在水中平衡浓度，mol/m^3；

c——有机毒物在空气中的摩尔浓度，mol/m^3；

两式相除，则可以得到：

$$\frac{K_H}{K_H'}=\frac{p}{c}=\frac{nRT/V}{c}=RT$$

式中：T——水的绝对温度，K；

R——气体常数。

对于微溶化合物（摩尔分数≤0.02），亨利定律常数的估算公式为：

$$K_H=p_s \times M_w/S_w$$

式中：p_s——纯有机化合物饱和蒸气压，Pa；

M_w——有机化合物分子量；

S_w——有机化合物在水中溶解度，mg/L。

亨利常数的无量纲形式可以表示为：

$$K_H'=\frac{0.12 p_s M_w}{S_w T}$$

若单位时间、单位面积的挥发损失量为 Q，化合物的传质系数 K，通过公式 $Q=Kc$，计算求得传质系数 K。

传质系数与挥发速率常数的关系为：

$$K_v=\frac{K}{L}$$

L 为溶液在一定截面积的容器中的高度，因此，只要求得某种化合物的传质系数 K，就能求得挥发速率常数 K_v。

三、仪器与试剂

1. 仪器

（1）紫外光度计；（2）分析天平；（3）玻璃比色皿（直径 12 mm）。

2. 试剂

（1）苯，分析纯；（2）二甲苯，分析纯；（3）甲醇，分析纯。

四、实验步骤

1. 纯物质挥发速率的测定

在 3.5 mm×1.0 mm 培养皿加入 4 mL 待测物质（苯或甲苯），置于分析天平上，天平两边门打开。每隔 30 s 读取重量 1 次，共读取 10 次，数据记入表 2-1。测出培养皿截面积。

表 2-1　纯物质不同测试时刻的重量

序号	待测物重量（g）	时间（s）	序号	待测物重量（g）	时间（s）
1			6		
2			7		
3			8		
4			9		
5			10		

2. 溶液中有机污染物挥发速率的测定

（1）标准曲线的绘制

准确称取待测物（苯、二甲苯）0.25 g，置于 25 mL 的容量瓶中，用甲醇稀释到刻度。取上述溶液 5 mL 置于 250 mL 的容量瓶中，用蒸馏水定容，摇匀，此溶液浓度 200 mg/L。移取上述溶液 0、0.25、0.5、1.0、1.5 和 2.0 mL 于 10 mL 的容量瓶内，用水稀释至刻度，摇匀，其浓度分别为 0、5、10、20、30 和 40 mg/mL。

紫外分光度计预热 20 min 后，设定波长在 205 nm 处，用 1 cm 比色皿，蒸馏水作为空白调零，分别测定上述不同浓度的溶液吸光度 *A*，测试值记入表 2-2。以吸光度对浓度作图，绘制苯的标准曲线。

表 2-2　不同浓度溶液的吸光度

浓度 *c*（mg/mL）						
吸光度 *A*						

（2）有机物溶液挥发测定：

将剩余的 200 mg/L 待测物溶液分别倒入 2 个相同的玻璃培养皿内，测量溶液高度及玻璃培养皿的面积，记录实验温度。让其自然挥发，每隔 10 min 取样一次，每次取 0.5 mL，置于 5 mL 容量瓶，蒸馏水定容，摇匀。在 205 nm 处，用 1 cm 比色皿，蒸馏水作为空白调零，分别测定溶液吸光度 *A*，共测 10 个点，数据记入表 2-3 中。

表 2-3 有机物溶液不同时刻的吸光度

实验温度（℃）：		大气压（Pa）/湿度：	
苯溶液		二甲苯	
蒸发皿面积 Ω（mm^2）		蒸发皿面积 Ω（mm^2）	
液面高度 h（mm）		液面高度 h（mm）	
时间 t（min）	吸光度 A	时间 t（min）	吸光度 A

五、数据处理

1. 计算纯物质的挥发量 Q

$$Q=W/(\Omega\cdot t)$$

式中：W——纯物质的挥发损失量，g；

Ω——挥发容器的面积，mm^2；

t——时间，s。

2. 求亨利常数（K_H、K_H'）

根据表 2-4 绘制化合物蒸气压－温度及溶解度－温度关系曲线，用内插法从曲线上找出该化合物在实验温度下的蒸气压 p 和溶解度 S，由亨利定律求得亨利常数 K_H。

表 2-4 待测物物化常数

不同温度下苯的蒸气压									
T（℃）	0	10	20	30	40	50	60	65	73
p（133.22Pa）	26	46	76	122	184	273	394	463	600
不同温度下苯的溶解度									
T（℃）	5.4	10	20	30	40	50	60	70	80
S（%）	0.0335	0.041	0.057	0.082	0.114	0.155	0.205	0.270	0.32
不同温度下甲苯的蒸气压									
T（℃）	0	20	45	50	60	70	80	100	—
p（133.22Pa）	6.5	22	56	93.5	141.5	203	292.5	588	—
不同温度下甲苯的溶解度									
T（℃）	0	10	20	25	30	40	50	—	—
S（%）	0.027	0.035	0.045	0.05	0.057	0.075	0.1	—	—

3. 求半衰期（$t_{1/2}$）

从标准曲线上查得苯和甲苯在不同反应时间在溶液中的浓度，绘制 $\lg(c_0/c)$-t 关系曲线，从其斜率 k 求得，$t_{1/2}=0.693k$。

4. 求挥发速率常数（K_v）：计算传质系数 K，由 $K_v=K/L$ 式，求出化合物的 K_v。

思考题

1. 如果室内环境温度及相对湿度波动很大的话，如何测量挥发量？
2. 比较苯和甲苯的挥发速率的大小并说明原因。
3. 测定纯物质挥发速率时为什么要把天平门打开？

实验二　环境中有机物的正辛醇—水分配系数的测定

一、实验目的

1. 掌握有机物的正辛醇—水分配系数的测定方法。
2. 学习使用紫外分光光度计。

二、实验原理

近 20 年来，国际上对有机化合物的吸附分配理论开展了广泛研究。结果均表明：颗粒物（沉积物或土壤）从水中吸着有机物的量与颗粒物中有机质含量密切相关，且土壤—水分配系数与水中这些溶质的溶解度成反比。并提出了：在土壤—水体系中，土壤对非离子性有机化合物的吸着主要是溶质的溶解分配过程。这就是分配理论的主要观点。

有机化合物的正辛醇—水分配系数（K_{ow}）是指平衡状态下化合物在正辛醇和水相中浓度的比值。它反映了化合物在水相和有机相之间的迁移能力，是描述有机化合物在环境中行为的重要物理化学参数。具有较低 K_{ow} 值的化合物（如小于 10），可认为是比较亲水的，具有较高的水溶性，因而在土壤或沉积物中的吸附系数 K_{oc} 值以及在水生生物中的富集因子 BCF 相应就小。如果化合物具有较大的 K_{ow} 值（如大于 10），是憎水或疏水的，它在土壤或沉积物中的吸附系数 K_{oc} 以及在水生生物中的富集因子 BCF 相应就大。

由于颗粒物对憎水有机物的吸着是分配机制，不易测得。根据研究发现，辛醇对有机物的分配与有机物在土壤有机质的分配极为相似，所以当有了化合物在辛醇和水中的分配比 K_{ow} 后，就可以顺利地计算出 K_{oc}。有机物在水中的溶解度往往可以通过它们对非极性的有机相的亲和性反映出来。亲脂有机物在辛醇—水体系中有很高的分配系数，在有机相中的浓度可以达到水相中浓度的 101～106 倍。例如常见的环境污染物 PAH、PCBS 和邻苯二酸酯等。在辛醇—水体系中的分配系数是一个无量纲值。K_{ow} 值是描述一种有机化合物在水和沉积物中，有机质之间或水生生物脂肪之间分配的一个很有用的指标。分配系数的数值越大，有机物在有机相中溶解度也越大，即在水中的溶解度越小。

测定分配系数的方法有振荡法、产生柱法和高效液相色谱法。产生柱法是将一定体积的受试物正辛醇（水饱和）液加入产生柱中，使用一定体积的蒸馏水（正辛醇饱和）循环通过恒温（25±0.5℃）的产生柱中的正辛醇层，连续测定5个水相浓度，直至两相平衡，由此求出分配系数。

反相高效液相色谱法是在测定温度下改变流动相组成，由反相高效液相色谱溶质的容量因子与流动相组成的基本方程 $\lg K=bc+b_1c_B+b_2\lg c_B$，$c_B$ 为甲醉的体积百分浓度，确定一个最佳的流动相组成，在此条件下测定参比物及待测物的容量因子，再根据参比物 $\lg K$ 与 $\lg K_{ow}$ 的相关方程计算待测物的 $\lg K_{ow}$ 值。

正辛醇—水分配系数是平衡状态下化合物在正辛醇相和水相中浓度的比值：

$$K_{ow}=\frac{c_o}{c_w}$$

式中：K_{ow}——分配系数；

c_o——平衡时有机化合物在辛醇相中的浓度；

c_w——平衡时有机化合物在水相中的浓度。

本实验采用振荡法，在震荡搅拌下，对二甲苯在正辛醇相和水相中达平衡后，进行离心分离，测定水相中对二甲苯的浓度，由此求得分配系数。

三、仪器与试剂

1. 仪器

（1）紫外可见分光光度计；

（2）恒温振荡器；

（3）离心机；

（4）10 mL 具塞比色管；

（5）5 mL 玻璃注射器；

（6）容量瓶（5 mL，10 mL）。

2. 试剂

（1）正辛醇：分析纯；

（2）乙醇：95%，分析纯；

（3）对二甲苯：分析纯。

四、实验步骤

1. 标准曲线的绘制

用移液管移取1.0 mL对二甲苯，加入10 mL容量瓶中，用95%乙醇稀释至刻度，摇匀。取该溶液0.1 mL加入25 mL容量瓶中，再用乙醇稀释至刻度，此时浓度为400 μL/L。移液管分别移取该溶液1.0、2.0、3.0、4.0和5.0 mL，分别加入5只25 mL容量瓶中，用蒸馏水稀释至刻度，摇匀。

紫外分光光度计预热20 min，设定波长227 nm，以水为参比，用1 cm比色皿，测定上述溶液的吸光度值 A，数据记入表2-5。利用所测得的标准系列的吸光度值对浓度作图，绘制标准曲线。

表 2-5　不同浓度二甲苯溶液吸光度

加入体积 V（mL）	1.0	2.0	3.0	4.0	5.0
浓度 c（μL/L）					
吸光度 A					

2. 溶剂的预饱和

将 30 mL 正辛醇与 200 mL 二次蒸馏水在振荡器上振荡 24 h，使二者相互饱和后，静止分层两相分离，分别保存备用。

3. 平衡时间的确定

（1）10 mL 容量瓶中用移液管加入 0.40 mL 对二甲苯，用上述处理过的被水饱和的正辛醇稀释至刻度，该溶液浓度为 4×10^4 μL/mL。

（2）移液管移取上述对二甲苯溶液于 1.0 mL 置于 6 个 10 mL 具塞比色管中，用上述处理过的被正辛醇饱和的水稀释至刻度。置于恒温振荡器上，分别振荡 0.5、1.0、1.5、2.0、2.5 和 3.0 h，离心分离。用长针玻璃注射器在水相中已吸取足够的溶液时，迅速抽出注射器，取得无正辛醇污染的水相。

用紫外分光光度计测定水相吸光度，波长 227 nm，以水为参比，用 1 cm 比色皿，测定水相的吸光度值 A，数据记如表 2-6。

表 2-6　不同震荡时间水相吸光度

时间（h）	0.5	1.0	1.5	2.0	2.5	3.0
吸光度 A						
浓度（μL/mL）						

五、数据处理

1. 根据不同时间化合物在水相中的浓度，绘制化合物平衡浓度随时间的变化曲线，由此确定实验所需要的平衡时间。

2. 利用达到平衡时化合物在水相中的浓度，计算化合物的正辛醇—水分配系数。

分配系数的计算公式：

$$K_{ow}=\frac{c_o\times V_o-c_a\times V_a}{c_a\times V_o}$$

式中：c_o 为辛醇初始浓度；

c_a 为平衡后水相的浓度；

V_o 为辛醇相的体积；

V_a 为水相的体积。

思考题

1. 振荡法测定化合物的正辛醇—水分配系数有哪些优缺点？

2. 正辛醇—水分配系数的测定在环境监测中有何意义？

3. 平衡后如何取得无正辛醇污染的水相？

实验三　天然水系 Cr^{3+} 的沉积含量监测

一、实验目的

1. 绘制天然水中 Cr^{3+} 的沉积曲线，找出该水中 Cr^{3+} 沉淀所需的最低 Cr^{3+} 浓度。
2. 了解二苯碳酰二肼法监测 Cr^{6+} 的方法。
3. 学习微孔膜过滤器的使用方法。

二、实验原理

铬及其化合物在工业上应用广泛，冶金、化工、矿物工程、电镀、颜料、制药、轻工纺织、铬盐及铬化物的生产等一系列行业，都会产生大量的含铬废水。铬的化合物以二价（如 CrO）、三价（如 Cr_2O_3）和六价（如 CrO_3）的形式存在，但以三价和六价的化合物最为常见。其毒性则以六价铬最强，约为三价铬的一百倍，三价铬次之，而二价铬和铬本身毒性很小或基本无毒性。

铬化物可以通过消化道、呼吸道、皮肤和粘膜侵人人体，主要积聚在肝、肾、内分泌系统和肺部。毒理作用是影响体内物质氧化、还原和水解过程，与核酸、核蛋白结合影响组织中的磷含量。铬化合物具有致癌作用。铬化合物以蒸汽和粉尘的方式进入人体组织中，代谢和被清除的速度缓慢，会引起鼻中隔穿孔、肠胃疾患、白血球下降、类似哮喘的肺部病变。皮肤接触铬化物可引起愈合极慢的“铬疮”。水中的铬可在鱼的骨骼中积累，此时 Cr^{3+} 比 Cr^{6+} 的毒性还大。浓度为 3.0 mg/L 即对淡水鱼有致死作用；浓度为 0.01 mg/L，便可使一些水生生物致死，使水体的自净作用受到抑制。若用含铬的污水灌溉农田，铬可在植物体内积聚，土壤中有机质的消化作用受到抑制，造成农业减产。但铬又是哺乳动物生命与健康所需的微量元素，缺乏铬可引起动脉粥样硬化。成人每天需 500～700 μg 铬。铬对植物生长亦有刺激作用，微量铬可提高植物的收获量，但浓度稍高又可抑制土壤中有机物质的硝化作用。

铬的污染主要是由工业引起。因此，各国对排放的废水、渔业水域水质、农田灌溉水质、地面水以及饮用水的铬含量，均有严格规定。我国已把六价铬规定为实施总量控制的指标之一，并规定工业排放的废水中六价铬最高浓度为 0.5 mg/L，总铬的最高浓度为 1.5 mg/L，且不得用稀释法代替必要的处理；生活饮用水中铬含量不得超过 0.05 mg/L。

工业排放废水中所含有的铬有 Cr^{3+} 和 Cr^{6+}，Cr^{6+} 易被有机物及其他还原剂还原，所以在排水口处的铬主要以三价存在，易被其他颗粒物吸附，也能通过自身的聚集而沉于水底，这些 Cr^{3+} 主要以胶体状态存在。因此工业废水中的六价铬被还原成三价，三价铬形成沉淀沉积，是污染源排入环境中的铬的主要自净和归宿过程。

本实验将 Cr^{3+} 水溶液加入到天然水中，观察 Cr^{3+} 的沉淀量。当向一定量水中加入 Cr^{3+} 水溶液时，其沉淀量开始一段变化不大。但当加入量达到某一值时，沉积量与加入量呈线性增加。此时，直线延长，与横轴上的交点可以认为是所使用的天然水中欲使 Cr^{3+} 形成沉淀是所需的最低浓度 c_x。

实验在酸性溶液中进行。首先，将水样中的Cr^{3+}用高锰酸钾氧化成Cr^{6+}，过量的高锰酸钾用亚硝酸钠分解，过量的亚硝酸钠用尿素分解，实验时先加尿素，防止亚硝酸钠还原Cr^{6+}；然后，加入二苯碳酰二肼，Cr^{6+}遇二苯碳酰二肼反应，生成紫红色化合物，其最大吸收波长为540 nm，摩尔吸光系数为4×10^4。采用分光光度计测定吸光度来监测三价铬含量变化。其最低检出浓度0.004 mg/L。

三、试剂与仪器

1. 试剂

（1）二苯碳酰二肼（$C_{13}H_{14}N_4O$），优级纯。

（2）丙酮，优级纯。

（3）重铬酸钾（$K_2Cr_2O_7$），优级纯。

（4）氯化铬（$CrCl_3\cdot6H_2O$），优级纯。

（5）5%（$m+V$）高锰酸钾溶液：将50 g高锰酸钾（$KMnO_4$，优级纯），用水溶解，稀释至1 000 mL。

（6）10%（$m+V$）尿素溶液：称取尿素[$(NH_2)_2CO$]10 g用水溶解，稀释至100 mL。

（7）2%（$m+V$）亚硝酸钠溶液：称取亚硝酸钠（$NaNO_2$）2 g，溶于水后，稀释至100 mL。

（8）50%（$V+V$）磷酸：将磷酸与等体积水混合。

（9）50%（$V+V$）硫酸：将硫酸与等体积水混合。

2. 仪器

分光光度计。

四、实验步骤

1. 显色剂的配置

在250 mL容量瓶中依次加入125 mL丙酮，0.5 g二苯碳酰二肼（$C_{13}H_{14}N_4O$），摇匀加水稀释至250 mL。摇匀后移入棕色瓶，冰箱中保存。

2. Cr^{6+}标准曲线的绘制

预先将重铬酸钾（$K_2Cr_2O_7$）于120℃干燥2 h，准确称取0.282 9 g，用蒸馏水溶解后，用1 000 mL容量瓶定容。用移液管移取5 mL上述铬溶液，置于500 mL容量瓶中，用蒸馏水定容。此溶液使用当天配制，Cr^{6+}溶液的浓度为1.0 μg/mL。

向9个50 mL比色管中分别加入0.0、0.2、0.5、1.0、2.0、4.0、6.0、8.0、10.0 mL铬标准使用液，用水稀释至刻度。再加入0.5 mL 50%硫酸溶液，50%磷酸溶液，摇匀，加入2 mL显色剂，摇匀。10～15 min后，紫外分光光度计设定波长540 nm，用1 cm比色皿，以水为参比，测定吸光度A，数据记入表2-7。绘制吸光度A与浓度c标准曲线。

表2-7　不同浓度Cr^{6+}的吸光度A

加入体积V（mL）	0.0	0.2	0.5	1.0	2.0	4.0	6.0	8.0	10.0
浓度c（μg/mL）									
吸光度A									

3. 不同浓度 Cr^{3+} 溶液的配制

称 0.2 g $CrCl_3 \cdot 6H_2O$ 加入 100 mL 容量瓶，用蒸馏水溶解后定容，摇匀。在用它配制下列使用溶液：（1）移液管移取上述溶液 10 mL，用蒸馏水稀释并定容 100 mL；（2）移液管移取上述溶液 5 mL，用蒸馏水稀释并定容 100 mL；（3）移液管移取上述溶液 2.5 mL，用蒸馏水稀释并定容 100 mL；（4）移液管移取上述溶液 1 mL，用蒸馏水稀释并定容 100 mL；（5）移液管移取上述溶液 0.5 mL，用蒸馏水稀释并定容 100 mL；（6）移液管移取上述溶液 0.25 mL，用蒸馏水稀释并定容 100 mL。按顺序编号。

4. 天然水对 Cr^{3+} 的沉积

微孔膜过滤器，用 ϕ=50 mm 孔径 0.25 μm 的 PVC 滤膜滤出 1 000 mL 天然水备用。取 6 个 100 mL 锥形瓶，每个锥形瓶内加入 50 mL 膜滤后的天然水，顺序编号。用移液管分别移取步骤 3 中不同浓度的 Cr^{3+} 溶液 1 mL，按对应的顺序号分别加入到各锥形瓶中，放在振荡器上振荡 0.5 h。

5. Cr^{3+} 的氧化

取 12 个 100 mL 锥形瓶，顺序编号，从振荡完毕的上述反应液中各移出 20 mL 加至 1～6 号锥形瓶内；剩余的反应液分别用小微孔膜过滤器抽滤，再分别移出 20 mL 滤液到 7～12 号锥形瓶内。往上述 12 个锥形瓶内各加入 4 粒玻璃珠、0.5 mL 50%硫酸、0.5 mL 50%磷酸，4 滴 5%$KMnO_4$ 溶液，使红色始终保持。冷却，加入 1 mL 10%尿素溶液，摇匀，再滴加 $NaNO_2$ 溶液，每加一滴摇动 30 秒，至红色刚好褪去为止，切勿过量。

6. Cr^{6+} 含量测定

将各瓶溶液分别转入 50 mL 比色管中，并用蒸馏水洗涤锥形瓶，将洗涤液并入比色管内，稀释到刻度线。加入 2 mL 显色剂，摇匀。5～15 min 之后，于 540 nm 波长处，用 1 cm 比色皿，以水为参比，测定吸光度 A，数据记入表 2-8。

表 2-8 不同反应液的吸光度值

序号	1	2	3	4	5	6
吸光度 A						
序号	7	8	9	10	11	12
吸光度 A						

五、数据处理

1. 利用表 2-7 数据，作出 Cr^{6+} 的浓度（c）—吸光度（A）标准曲线。
2. 利用标准曲线，由表 2-8 的吸光度值计算出反应液未过滤前后各瓶溶液 Cr^{6+} 的浓度。
3. 计算各瓶反应液的加入浓度及沉积浓度，作图求出最低浓度 c_x 数据。

思考题

1. 煮沸时若红色消褪，为何要补加 $KMnO_4$ 溶液？
2. 滴加 $NaNO_2$ 时为何要慢慢加入，且不能过量？
3. 你认为做好本实验要把握哪几个关键步骤？

实验四　天然水系富营养化程度的综合评价

所谓水体富营养化就是由于人类的活动，将大量工业废水和生活污水以及农田径流中的植物营养物质排入湖泊、水库、河口、海湾等缓流水体后，氮、磷等营养物质大量流入水体中，在水体中过量积聚，致使水体中富营养物质过剩。水生生物特别是藻类大量繁殖，使生物量的种群种类数量发生改变，破坏了水体的生态平衡。人们根据湖泊水中氮、磷等营养元素的含量，按营养水平将湖泊分为贫营养型湖泊和富营养型湖泊。

富营养型湖泊中的细菌、浮游植物和浮游动物数量远高于贫营养型湖泊，但其底栖生物的种类减少。富营养型湖泊的浮游藻类的组成与贫营养型湖泊有显着的差异。能够形成水华的藻类最主要的是蓝藻门的种类，其中最常见的有：微囊藻、鱼腥藻、颤藻、平裂藻、束丝藻、阿氏项圈藻、螺旋藻等。在湖泊富营养化中，蓝藻门的铜绿微囊藻和水华鱼腥藻最为常见。

水体富营养化会导致水质恶化，并引起藻类及其他浮游生物迅速繁殖，鱼类及其他生物会出现大量死亡的现象。想有效防治水体富营养化，就要控制氮、磷等富营养物质进入水体，同时采取相应措施治理已经富营养化的水体。我们还可以利用富营养化的水体中丰富的营养物质去引水灌溉、饲养鱼类等。

水体富营养化程度的评价指标分为物理指标、化学指标和生物学指标。物理指标主要是透明度，化学指标包括溶解氧和氮、磷等营养物质浓度等，生物学指标包括优势浮游生物种类、生物群落结构与多样性和生物现存量（如生物量、叶绿素 a）等。

关于水体富营养化的判断依据，还没有形成统一的标准。许多参数可作为水体富营养化的指标，常用的是 TP、TNCODCr、BOD_5、NH_3—N、叶绿素 a 含量和初级生产率的大小等。目前一般采用的标准是：水体中氮含量超过 0.2～0.3 mg/L，磷含量大于 0.01～0.02 mg/L，生化需氧量大于 10 mg/L，pH 值 7～9 的淡水中细菌总数每毫升超过 10 万个，表征藻类数量的叶绿素 a 含量大于 10 mg/L。

本实验采用钼酸铵分光光度法测定总磷，碱性过硫酸钾消解紫外分光光度法测定总氮，分光光度法测定叶绿素。

A. 水系总磷含量的测定——钼酸铵分光光度法

一、实验原理

水中总磷包括溶解和不溶解的各种形式磷酸盐和含磷有机物，如果作总磷的测定，应先消化使含磷有机物全部转化成可溶的磷酸盐，消化也会使偏磷酸盐和焦磷酸盐转化成正磷酸盐。

在酸性条件下，过硫酸铵溶液加热，产生如下反应：

$$(NH_4)_2S_2O_8 + H_2O \rightarrow 2NH_4HSO_4 + O\cdot$$

产生的氧原子自由基将水中的有机磷、无机磷、悬浮物内的磷全部氧化成正磷酸 PO_4^{3-}。在强酸溶液中用钼酸铵和酒石酸锑钾与之反应，生成磷钼锑杂多酸，在一定酸度下，磷钼锑杂多酸可被还原剂（如氯化亚锡、抗坏血酸或称维生素 C、亚硫酸钠等）还原成蓝色化合物，叫“钼蓝”：

$$(NH_4)_3PO_4 \cdot 12MoO_3 + SnCl_2 + H^+ \rightarrow (MoO_2 \cdot 4MoO_3)_2 \cdot H_3PO_4$$（钼蓝大致成分）

本实验采用抗坏血酸作为还原剂，利用分光光度计监测磷的含量。

二、试剂与仪器

1. 试剂

（1）过硫酸铵（固体），2 mol/L 硫酸，3 mol/L NaOH。

（2）1%酚酞：1 g 酚酞溶于 90 mL 乙醇中，加水至 100 mL。

（3）钼锑储备液：称取酒石酸锑钾 0.5 g 溶于 100 mL 水中，制成 0.5%的溶液。另取钼酸铵 10 g 溶于 450 mL 水中，溶解后缓慢加入 153 mL 浓硫酸，边加边搅拌，冷却后再将 0.5%的酒石酸锑钾溶液加到钼酸铵溶液中，最后加水至 1 L。摇匀，贮于棕色瓶中，此溶液可长期保存。

（4）钼锑抗试剂：称取 0.5 g 抗坏血酸溶于 30 mL 钼锑储备液中，溶解后混匀。临用前现配，有效期为 24 h。

（5）1 000 μg/mL 磷酸盐储备液：称取 1.098 g KH_2PO_4，溶解于 250 mL 容量瓶中。

（6）10 μg/mL 磷酸盐使用液：1 000 μg/mL 磷酸盐储备液稀释 100 倍即可。

2. 仪器

（1）分光光度计；

（2）可调温封闭电炉，2 000 W。

三、实验步骤

1. 磷标准曲线的绘制

分别吸取 10 μg/mL 磷的标准溶液 0.0、0.5、1.0、2.0、3.0 mL 于 50 mL 比色管中，加水稀释至约 25 mL，加入 1 mL 钼锑抗混合试剂，摇匀后放置 10～15 min，加水稀释至刻度，再摇匀，放置 10 min，以水作参比，用 1 cm 比色皿，设定波长 710 nm 处测定吸光度，记入表 2-9。根据吸光度与浓度的关系，绘制标准曲线。

表 2-9　磷标准液的吸光度值

溶液量（mL）	0	0.5	1.0	2.0	3.0
浓度（μg/mL）					
吸光度					

2. 天然水样的磷含量测定

水样当天采集，采用天然水系不同深度水样，为了得到溶解部分和悬浮部分均具有代表性的试样，混合搅拌试样 5 min，使其均匀。量取 100 mL 水样两份，分别放入两只 250 mL 锥型瓶中，另取 250 mL 锥型瓶加入 100 mL 蒸馏水于作对照实验。三只锥形瓶中分别加入 1

mL 2 mol/L 硫酸，3 g $(NH_4)_2S_2O_8$，置于可调电炉上缓缓微沸 1.5～2.5 h。用蒸馏水冲洗锥形瓶壁，并适当补加蒸馏水，使锥形瓶内溶液体积达到 25～50 mL，再加热分钟约 10～20 min。

停止加热冷至室温，加 1 滴酚酞，并用 2 mol/L NaOH 将溶液中和至微红色。再滴入 2 mol/L HCl 使粉红色恰好褪去，转入 100 mL 容量瓶中，蒸馏水定容。移取上述溶液 20～50 mL 比色管中，加 1 mL 钼锑抗混合试剂，摇匀后放置 10～15 min，加水稀释至刻度，再摇匀。分光光度计设定波长 710 nm 处，用 1 cm 比色皿，以水作参比，测定吸光度。

四、结果处理

由标准曲线查得磷的含量，计算水中磷的含量。

总磷含量以 C（mg/L）表示，按下式计算：

$$C = \frac{m}{V}$$

式中：m——试样测得含磷量，μg；

V——测定用试样体积，mL。

B. 水系总氮含量的测定——碱性过硫酸钾消解紫外分光光度法

一、实验原理

过硫酸钾是强氧化剂，在 60℃以上水溶液中可进行如下分解产生原子态氧：

$$K_2S_2O_8 + H_2O \rightarrow 2KHSO_4 + O\cdot$$

分解出的原子态氧在 120～140℃高压水蒸气条件下可将大部分有机氮化合物及氨氮、亚硝酸盐氮氧化成硝酸盐。以 $CO(NH_2)_2$ 代表可溶有机氮合物，各形态氮氧化示意式如下：

$$CO(NH_2)_2 + 2HaOH + 8\ O\cdot \rightarrow 2NaNO_3 + 3H_2O + CO_2$$

$$(NH_4)_2SO_4 + 4NaOH + 8\ O\cdot \rightarrow 2NaNO_3 + Na_2SO_4 + 6H_2O$$

$$NaNO_2 + O\cdot \rightarrow NaNO_3$$

硝酸根离子在紫外线波长 220 nm 有特征性的量大吸收，而在 275 nm 波长则基本没有吸收值。因此，可分别于 220 nm 和 275 nm 处测出吸光度 A_{220} 及 A_{275}。按下式求出校正吸光度 A_r：

$$A_r = A_{220} - 2A_{275}$$

按 A_r 的值扣除空白后用校准曲线计算总氮（以 NO_3—N 计）含量。

二、试剂与仪器

1. 试剂

（1）碱性过硫酸钾溶液

称取 40 g 过硫酸钾，15 g 氢氧化钠，置于锥形瓶内，加蒸馏水约 500～800 mL，搅拌下加热使其完全溶解，将其冷却至室温，移至 1 000 mL 容量瓶中，定容，摇匀。碱性过硫酸钾溶液存放在聚乙烯瓶内。

（2）硝酸钾标准液（c_N=10 mg/L）：

预先将硝酸钾在105～110℃干燥3 h。准确称取0.721 8 g，置于锥形瓶中，加蒸馏水溶解，移至1 000 mL容量瓶，锥形瓶用蒸馏水冲洗，冲洗水移至容量瓶内，定容，摇匀，摇匀。移至棕色瓶内，放在冰箱内保存。实验当天，移取上述硝酸钾试样10 mL置于100 mL容量瓶内，蒸馏水定容。

（3）无氨水

在1 000 mL蒸馏水中，加入0.10 mL硫酸（ρ=1.84g/mL）。并在全玻璃蒸馏器中重蒸馏，弃去前50 mL馏出液，然后将馏出液收集在带有玻璃塞的玻璃瓶中。

2. 仪器

（1）T6紫外分光光度计，1 cm石英比色皿；

（2）磨口具塞比色管，25 mL；

（3）立式高压灭菌器。

三、实验步骤

水样当天采集，采用天然水系不同深度水样，调pH值5～9，为了得到均匀具有代表性的试样，混合搅拌试样5 min。用吸量管分别吸取吸取2份10.0 mL水样，分别置于置于25 mL比色管中。加入5 mL碱性过硫酸钾溶液，塞紧磨口塞，编号。

移液管移取硝酸钾标准使用液0.0、0.3、0.5、1.0、3.0、5.0、7.0、10 mL置于8个25 mL比色管中，加无氨水稀释至10.0 mL。加入5 mL碱性过硫酸钾溶液，塞紧磨口塞。

将4个水样和8个标准系列包好，用棉线将这12支比色管捆紧，以防弹出。比色管置于高压灭菌器中，加热，使压力表指针到1.1～1.4 kg/cm^2，当温度达120～124℃后开始计时。保温保压半小时。冷却，放压，将捆好的比色管取出14支比色管冷却至室温。加盐酸（1+9）1 mL，用无氨水稀释至25 mL标线，混匀。

澄清后，移取上清液部分溶液至1 cm石英比色皿中，在紫外分光光度计上，分别在波长为220 nm与275 nm处测定吸光度，并计算出校正吸光度A_r。数据记入表2-10。

表2-10　标准溶液及样品吸光度值

KNO_3体积（mL）	0.0	0.3	0.5	1.0	3.0	5.0	7.0	10	试样1	试样2
220 nm吸光度A_{S220}										
275 nm吸光度A_{S275}										
A_s										
校正吸光度A_r										
KNO_3浓度（mg/L）										

四、数据处理

1. 标准曲线的制作

标准溶液及空白溶液在220 nm和275 nm处测得的吸收值按下列公式计算：

$$A_s=A_{s220}-2A_{s275}$$

$$A_b=A_{b220}-2A_{b275}$$

式中：A_{s220}——标准溶液在 220 nm 波长的吸收光度。

A_{s275}——标准溶液在 275 nm 波长的吸收光度。

A_{b220}——空白（零浓度）溶液在 220 nm 波长的吸收光度。

A_{b275}——空白（零浓度）溶液在 275 nm 波长的吸收光度。

校正吸光度 A_r：

$$A_r=A_s-A_b$$

按 A_r 值与相应的 NO_3—N 含量（μg）线性回归统计计算获取标准曲线。

2. 结果的表示

计算得试样吸光度并扣除空白 A_b 获校正 A_r 吸光度，用校准曲线算出相应的总氮 m（μg）数，试样总氮含量按下式计：

$$总氮（mg/L）=m/V$$

式中：m——试样测出含氮量，μg；

V——测定用试样体积，mL。

C. 叶绿素 a 含量的测定——分光光度法

一、实验原理

富营养化水体所受到的污染，尤以氮磷为甚，致使其中的藻类等浮游植物旺盛生长。浮游植物的主要光合色素是叶绿素，常见的有叶绿素 a、叶绿素 b 和叶绿素 c。叶绿素 a 存在于所有的浮游植物中，大约占有机物干重的 1%～2%，是估算浮游植物生物量的重要指标。通过测定浮游植物叶绿素，可初步掌握水体质量，在水质监测中，可将叶绿素 a 作为湖泊富营养化的指标之一。

浮游植物叶绿素 a 的测定方法有许多种，根据所使用的仪器可以分为高效液相色谱法（HPLC 法）、荧光光度计法和分光光度计法等。分光光度计法中，根据所用的色素萃取液分为了丙酮法、甲醇法和乙醇法等，再根据比色所用的波长，又分为单色法和多色法（例如单色丙酮法和四色丙酮法）等。

本实验采用丙酮萃取分光光度法测定叶绿素 a 含量。将一定量的试样用微孔滤膜过滤，收集植物性浮游生物，用 90%的丙酮溶液提取。将提取液离心分离后，测定 750、663、645 和 630 nm 的吸光度，计算叶绿素的浓度。

二、试剂与仪器

1. 试剂

（1）$MgCO_3$ 悬液：1 g $MgCO_3$ 细粉置于烧杯中，加入 100 mL 蒸馏水中，搅拌均匀。

（2）90%的丙酮溶液：90 份丙酮加 10 份蒸馏水。

2. 仪器

（1）分光光度计；

（2）比色杯（1 cm，4 cm）；

（3）台式离心机（3 500 r/min）；
（4）离心管（15 mL）；
（5）小研钵；
（6）蔡氏滤器，滤膜（0.45 μg，直径 47 mm）；
（7）真空泵（最大压力不超过 300 kPa）。

三、实验步骤

1. 采集水样

用 5 L 有机玻璃采水器采集，取上层（离水面 0.5 m），中层（0.5 *H*，*H* 为采样时实测水深），下层（离湖床 0.5 m）三层水样等体积混合，取 1 L 装入广口塑料瓶，湖泊、水库采样 500 mL，池塘 300 mL。

2. 过滤水样

在蔡氏滤器上装好滤膜，取水样 50～500 mL 减压过滤，抽滤的压力不大于 150 mmHg。为了增进藻细胞滞留在滤膜上，防止提取过程中叶绿素 a 分解，待水样剩余若干毫升之前加入 0.2 mL $MgCO_3$ 悬液、摇匀直至抽干水样。

3. 提取

将滤膜放于小研钵内，加 2～3 mL 90%的丙酮溶液，研磨匀浆，以破碎藻细胞。然后用移液管将匀浆液移入刻度离心管中，用 5 mL 90%的丙酮冲洗 2 次，最后向离心管中补加 90%丙酮，使管内总体积为 10 mL。塞紧塞子并在管子外部罩上遮光物，充分振荡，放冰箱避光提取 18～24 h。

4. 离心

提取完毕后，置离心管于台式离心机上 3 500 r/min，离心 10 min，取出离心管，用移液管将上清液移入刻度离心管中，塞上塞子，3 500 r/min 再离心 10 min。正确记录提取液的体积。

5. 测定光密度

藻类叶绿素 a 具有其独特的吸收光谱（663 nm），因此可以用分光光度法测其含量。用移液管将提取液移入 1 cm 比色杯中，以 90%的丙酮溶液作为空白，分别在 750、663、645、630 nm 波长下测提取液的光密度值（OD）。注意：样品提取的 OD_{663} 值要求在 0.2 与 1.0 之间，如不在此范围内，应调换比色杯，或改变过滤水样量。OD_{663} 小于 0.2 时，应该用较宽的比色杯或增加水样量；OD_{663} 大于 1.0 时，可稀释提取液或减少水样滤过量，使用 1 cm 比色杯比色。

四、数据处理

叶绿素 a 浓度计算：将样品提取液在 663、645、630 nm 波长下的光密度值（OD_{663}、OD_{645}、OD_{630}）分别减去在 750 nm 下的光密度值（OD_{750}），此值为非选择性本底物光吸收校正值。叶绿素 a 浓度计算公式如下：

$$c_a = \frac{(11.64OD_{663} - 2.16OD_{645} + 0.10OD_{620}) \times V_1}{V_2 \times L}$$

式中：c_a——叶绿素 a 的浓度，mg/L；

V_1——提取液的定容体积，mL；

V_2——过滤水的体积，mL；

L——比色池的光程长度，mm；

思考题

1. 水体富营养化的危害是什么？
2. 简述水体富营养化的机制。
3. 用哪些指标表征一个天然水体富营养化程度更合理？

实验五　活性炭吸附等温线

一、 实验目的

1. 加深理解吸附的基本原理。
2. 通过实验取得必要的数据，计算吸附容量 q，并绘制吸附等温线。
3. 利用绘制的吸附等温线确定弗氏吸附参数 K，$1/n$。

二、实验原理

吸附法处理废水是利用多孔性固体（吸附剂）的表面吸附废水中一种或多种溶质（吸附质）以去除或回收废水中的有害物质，同时净化了废水。在水处理领域，活性炭吸附通常作为饮用水深度净化和废水的三级处理，以除去水中的有机物。。

吸附分液相吸附和气相吸附两类，液相吸附能力常以吸附等温线进行评价，气相吸附能力以溶剂蒸气吸附量评价。

吸附等温线表示一定温度下吸附系统中被吸附物质的分压或浓度与吸附量之间的关系，即当保持温度不变，可测得平衡吸附量和分压或浓度间的变化关系。以剩余浓度为横轴，以活性炭单质量的吸附量为纵轴可绘出关系曲线。

活性炭应用中对于吸附能力，最好用实际拟用的活性炭、操作的条件、具体的处理物进行评价测试.活性炭的吸附量，即单位活性炭所吸附的吸附质的量，工业上也有称为活性炭的活性，活性有两种表示方法：静活性，即通常所指的吸附剂达到平衡的吸附量。动活性是指流体混合物通过活性炭床层，其中吸附质被吸附，经一些时间的运作，活性炭床层流出的流体中开始出现含有一定的吸附质，说明活性炭床层失去吸附能力，此时活性炭上已吸附的吸附质的量，就称为活性炭的活性。是设计大量的、经常的、重要的吸附系统所需的数据。

用液相等温线法测定活性炭吸附能力是的标准实用方法，可用于测定原始的和再活化的和粉状活性炭的吸附能力。

活性炭吸附是物理吸附和化学吸附综合作用的结果。吸附过程一般是可逆的。当吸附速度和解吸速度相等时，即单位时间内活性炭吸附的数量等于解吸的数量时，则吸附质在溶液中的浓度和在活性炭表面的浓度均不再变化而达到了平衡，此时的动态平衡称为吸附平衡，此时吸附质在溶液中的浓度称为平衡浓度 c。

活性炭的吸附能力以吸附量 G（mg/g）表示。所谓吸附量是指单位重量的吸附剂所吸附的吸附质的重量。本实验采用粉状活性炭吸附水中的有机染料，达到吸附平衡后，用分光光度法测得吸附前后有机染料的初始浓度 c_0 及平衡浓度 c，以此计算活性炭的吸附量 G。

$$G=\frac{V(c_0-c)}{W}$$

式中：c_0——水中有机物初始浓度，mg/L；

c——水中有机物平衡浓度，mg/L；

W——活性炭投加量，g；

V——废水量，L；

G——活性炭吸附量，mg/g。

在温度一定的条件下，活性炭的吸附量随被吸附物质平衡浓度的提高而提高，二者之间的关系曲线为吸附等温线。关于吸附等温线有 Henry（H）、Freundlich（F）、Langmiur（L）等类型。

H 型：$G=Kc$

F 型：$G=Kc^{1/n}$，$\lg G=\lg K+1/n\lg c$，K、n 为常数。

L 型：$G=G_0c/(A+c)$，$1/G=1/G_0+(A/G_0)(1/c)$，A 为常数，G_0 为表面上吸附饱和时的最大吸附量。

本实验活性炭的吸附属于 F 型，以 $\lg c$ 为横坐标，$\lg G$ 为纵坐标，绘制吸附等温线，求得直线斜率 $1/n$、截距 $\lg K$。参数 K 主要与吸附剂对吸附质的吸附容量有关，而 $1/n$ 是吸附力的函数。

三、仪器与试剂

1. 仪器

（1）722S 分光光度计；

（2）恒温振荡器；

（3）离心机。

2. 试剂

（1）活性炭：粉末状活性炭，将活性炭过 200 目筛，取小于 0.076 mm 筛孔以下的样品，置于大烧杯中，浸泡 24 h，搅拌水洗后，105～110℃烘干至恒重。

（2）刚果红，化学纯。

（3）亚甲基蓝，化学纯。

四、实验步骤

1. 标准曲线的绘制

精确称取 2.5 g 染料（刚果红、亚甲基蓝），置于 1 000 mL 容量瓶中，加水溶解后，定容，摇匀，配成 2 500 μg/mL 的上述染料标准溶液。准确吸取该溶液 0.0、0.2、0.4、0.6、0.8、1.0、

1.5 mL 分别置于 50 mL 比色管中，加蒸馏水稀释至刻度。分光光度计预热 20 min，1 cm 比色皿，蒸馏水做参比，波长刚果红设定 494 nm、亚甲基蓝波长设定 572 nm 处测定吸光度，数据记入表 2-11，以吸光度对浓度作图，绘制标准曲线。

表 2-11　不同浓度溶液吸光度值

<table>
<tr><td rowspan="3">刚果红
λ=494 nm</td><td>加入体积（mL）</td><td>0.0</td><td>0.2</td><td>0.4</td><td>0.6</td><td>0.8</td><td>1.0</td><td>1.5</td></tr>
<tr><td>浓度（mg/L）</td><td></td><td></td><td></td><td></td><td></td><td></td><td></td></tr>
<tr><td>吸光度 A</td><td></td><td></td><td></td><td></td><td></td><td></td><td></td></tr>
<tr><td rowspan="3">亚甲基蓝
λ=572 nm</td><td>加入体积（mL）</td><td>0.0</td><td>0.2</td><td>0.4</td><td>0.6</td><td>0.8</td><td>1.0</td><td>1.5</td></tr>
<tr><td>浓度（mg/L）</td><td></td><td></td><td></td><td></td><td></td><td></td><td></td></tr>
<tr><td>吸光度 A</td><td></td><td></td><td></td><td></td><td></td><td></td><td></td></tr>
</table>

2. 振荡吸附

（1）称取 100 mg 上述染料，置于 1 000 mL 容量瓶内，溶解定容，摇匀。分别移取上述溶液 20 mL 置于 5 个锥形瓶内，再加入 80 mL 蒸馏水，用分光光度计，在对应的波长测定原水中染料含量，同时测定水温和 pH 值。数据记入表 2-11。

（2）在 5 个锥形瓶中分别放入 100、200、300、400、500 mg 粉状活性炭，将锥形瓶放入恒温振荡器上震动 1 h，静置 10～30 min。吸取上清液，用分光光度计，在对应的波长，并在标准曲线上查得相应的浓度，计算染料的去除率吸附量。数据记入表 2-12。

表 2-12　活性炭吸附数据

<table>
<tr><td rowspan="2">原水</td><td>吸光度 A</td><td colspan="2">浓度 c_0（mg/L）</td><td>温度（℃）</td><td colspan="2">pH</td></tr>
<tr><td></td><td colspan="2"></td><td></td><td colspan="2"></td></tr>
<tr><td rowspan="4">吸附后水样</td><td>活性炭加入量（g）</td><td>100</td><td>200</td><td>300</td><td>400</td><td>500</td></tr>
<tr><td>吸光度 A</td><td></td><td></td><td></td><td></td><td></td></tr>
<tr><td>浓度 c（mg/L）</td><td></td><td></td><td></td><td></td><td></td></tr>
<tr><td>吸附量 G（mg/g）</td><td></td><td></td><td></td><td></td><td></td></tr>
</table>

五、数据处理

1. 绘制吸附等温线。
2. 确定弗氏吸附参数 K，$1/n$。

思考题

1. 吸附等温线有什么意义？作吸附等温线时为什么要用粉状炭？
2. 静态吸附和动态吸附有何特点？本实验采用的是哪种吸附操作？
3. 工业活性炭一般均是颗粒状，本实验为什么使用活性炭粉末？

实验六 甲基橙的光降解反应动力学监测

一、实验目的

1. 测定甲基橙在可见光作用下的光催化降解反应速率常数。
2. 了解可见光分光光度计的构造、工作原理、掌握分光光度计的使用方法。

二、实验原理

在我们的日常生活中，有大量的挥发性有机化合物（volatile organic compound，VOC）被排放到我们生活的环境中，不仅对环境造成了严重的破坏，而且使人类自己的健康乃至生命受到严重的威胁，例如，各种各样的的石油化工产品及会产生有毒气体的室内外装饰品等，特别是室内装饰经常使用的建筑材料像油漆、涂料等，这些化合物对环境造成严重的污染，对人类的健康造成严重的威害。因此，开发一种简便有效的方法来治理水体污染和大气污染是人类社会一个急需解决的问题。

光催化技术在近 30 年来广泛应用于净化空气以及水处理的研究中，其发展迅速。这项新技术具有能耗低、操作简便、反应条件温和、无二次污染等突出优点，能有效地将有机污染物转化为无机小分子，达到完全无机化的目的。许多难生物降解或用其他方法难以去除的物质，如氯仿、多氯联苯、有机磷化合物、多环芳烃等都可以利用此方法去除。此外，含无机污染物的废水也可以利用此法进行处理。因此，近年来该技术已在废水处理领域中显示出巨大的应用潜力。

有机污染物在水体中的光化学降解强烈地影响着它们在水中的归宿，因而对水体中有机污染物光化学降解的研究已成为水环境化学的一个重要的研究领域。目前，光降解技术已成为许多难降解有机污染物的有效去除手段。

水体中有机污染物光化学降解规律的研究主要包括两方面的内容。一是研究其降解速率及影响因素；二是研究有机污染物降解产物，包括中间产物的毒性大小。需要注意的是，有机污染物的光化学降解产物可能还是有毒的，甚至比母体化合物毒性更大。因而有机污染物的分解并不意味着毒性的消失。

甲基橙染料是一种常见的有机污染物，无挥发性，且具有相当高的抗直接光分解和氧化的能力；其浓度可采用分光光度法测定，方法简便，常被用做光催化反应的模型反应物。甲基橙的分子式如图 2-1 所示。

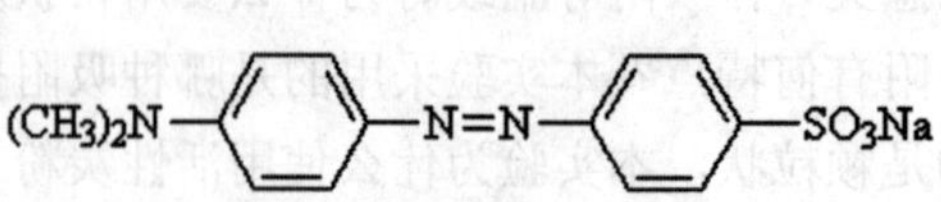

$(CH_3)_2N-C_6H_4-N=N-C_6H_4-SO_3Na$

图 2-1 甲基橙分子式

从结构上看，它属于偶氮染料，这类染料是染料各类中最多的一种，约占全部染料的 50%。根据已有实验分析，甲基橙是较难降解的有机物，因而以它作为研究对象有一定的代表性。

光催化技术的研究涉及原子物理、凝聚态物理、胶体化学、化学反应动力学、催化材料、光化学和环境化学等多个学科，因此多相光催化科技是集这些学科于一体的多种学科交叉汇合而成的一门新兴的科学。

光催化以半导体如 TiO_2、ZnO、CdS、WO_3、SnO_2、ZnS、$SrTiO_3$ 等作催化剂，其中 TiO_2 具有价廉无毒、化学及物理稳定性好、耐光腐蚀、催化活性好等优点。TiO_2 是目前广泛研究、效果较好的光催化剂之一。

溶于水中的有机污染物，在太阳光及催化剂的作用下分解，不断产生自由基，除自由基外，水体中还存在有单态氧，使得天然水中的有机污染物不断地被氧化。因此，光降解是天然水体有机污染物的自净途径之一。

天然水体中有机污染物的光降解速率为：

$$-dc/dt=K[O_x]$$

对上式积分得：

$$\ln\frac{c_0}{c}=K[O_x]t=K't$$

式中：c_0——天然水体中有机物起始浓度；

c——时间为 t 时测得有机物的浓度；

$[O_x]$——天然水体中氧化性基团的浓度；

K'——得到的衰减曲线的斜率。

本实验甲基橙溶液，加入一定量的 TiO_2 粉末，在稳定的光照条件下，反应一段时间后，取出反应悬浮液，离心过滤测定上清液的吸光度，计算不同反应条件下的染料脱色率。在一定浓度范围内，甲基橙的浓度与吸光度值成线性关系。

三、仪器与试剂

1. 仪器

（1）可见光分光光度计；

（2）高压汞灯，125 W；

（3）磁力搅拌器。

2. 试剂

（1）甲基橙，分析纯；

（2）二氧化钛，粉末；

（3）过氧化氢，分析纯。

四、实验步骤

1. 标准曲线的绘制

配制浓度为 2、3、4、5、6、7、8、9、10 mg/L 的甲基橙溶液，用紫外可见分光光度计在最大吸收波长处（462 nm），用 1 cm 比色皿，以空白溶液为参比，测量吸光度。数据记入表 2-13，以吸光度对浓度作图绘制标准曲线。

表 2–13 不同浓度甲基橙溶液吸光度

溶液浓度（mg / L）	2	3	4	5	6	7	8	9	10
吸光度 A									

2. 光降解

精确称 10 mg 甲基橙，置于 1 000 mL 容量瓶内，定容，摇匀，浓度为 10 mg/L。移取该溶液 100 mL 置于烧杯中，加入 0.5 g TiO_2 粉末，搅拌均匀，汞灯光照。一般每隔 2～15 min，关掉光源，取样 4 mL，用离心机离心，然后再用可见分光光度计测试甲基橙溶液波长为 462 nm 处的吸收，实验数据记录到表 2–14。

表 2–14 甲基橙光降解数据

时间（min）	0	3	6	9	12	15	18	21	24
吸光度 A									
溶液浓度（mg/L）									

五、数据处理

甲基橙光催化降解属于一级反应，由标准曲线上查得不同时间光降解溶液中苯酚所对应的浓度值，绘制 $\ln c_0/c$～t 关系曲线，求得 K' 值。

思考题

1. 本实验所用高压汞灯的光谱有何特征？
2. 研究甲基橙的光降解有何实际意义？
3. 光降解对于天然水系中有机污染物的迁移转化有何影响？

第三章　土壤环境化学监测实验

实验一　土壤的阳离子交换量

一、实验目的

1. 了解土壤阳离子交换量的内涵及其环境化学意义。
2. 掌握土壤阳离子交换量的测定原理和方法。

二、实验原理

土壤是环境中污染物迁移转化的重要场所，土壤阳离子交换量不仅与土壤的保肥供肥能力密切相关，与土壤重金属容量也有密切关系。因此，对土壤阳离子交换性能的测定，有助于了解土壤对污染物质的净化能力及对污染负荷的允许程度。

土壤有机质是影响土壤阳离子交换量的一个重要因素。土壤的阳离子交换性能是由土壤胶体表面性质所决定，由有机质的交换基与无机质的交换基所构成，前者主要是腐殖质酸，后者主要是粘土矿物。它们在土壤中互相结合着，形成了复杂的有机无机胶质复合体，所能吸收的阳离子总量包括交换性盐基（K^+、Na^+、Ca^{2+}、Mg^{2+}）和水解性酸，两者的总和即为阳离子交换量。其交换过程是土壤固相阳离子与溶液中阳离子起等量交换作用。

不同土壤的阳离子交换量不同，主要影响因素：

（1）土壤胶体类型，不同类型的土壤胶体其阳离子交换量差异较大，例如，有机胶体>蒙脱石>水化云母>高岭石>含水氧化铁、铝。

（2）土壤质地越细，其阳离子交换量越高。

（3）对于实际的土壤而言，土壤黏土矿物的 SiO_2/R_2O_3 比率越高，其交换量就越大。

（4）土壤溶液 pH 值，因为土壤胶体微粒表面的羟基（OH）的解离受介质 pH 值的影响，当介质 pH 值降低时，土壤胶体微粒表面所负电荷也减少，其阳离子交换量也降低；反之就增大。土壤阳离子交换量是影响土壤缓冲能力高低，也是评价土壤保肥能力、改良土壤和合理施肥的重要依据。

土壤存在的阳离子可与某些特定种类的中性盐水溶液中的阳离子进行交换。当控制适当的反应条件，无无副反应时，交换反应可以等当量地进行，如图 3-1 所示。

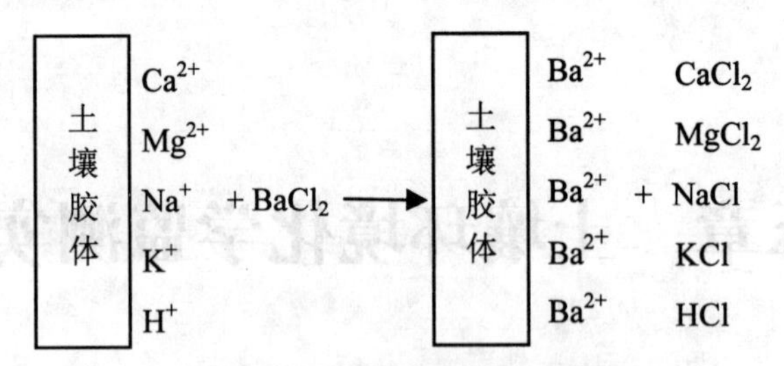

图 3-1　土壤阳离子交换示意图

因为阳离子交换反应，在一定条件下存在交换平衡，交换反应温度、交换离子的化学性质、土壤的状态等都对交换平衡有影响，交换反应实际上不完全。如果加大溶液中交换剂浓度、增加交换次数，交换反应可趋于完全。

本实验采用的是快速法来测定阳离子交换量。土壤中存在的各种阳离子 $BaCl_2$ 水溶液中的阳离子 Ba^{2+}等价交换。再用硫酸溶液把交换到土壤中的 Ba^{2+}交换下来，这由于生成了硫酸钡沉淀，而且氢离子的交换吸附能力很强，使交换反应基本趋于完全。这样通过测定交换反应前后硫酸含量的变化，可以计算出消耗硫酸的量，进而计算出阳离子交换量。这种交换量是土壤的阳离子交换总量，通常用每 100 克干土中的毫摩尔数表示。用不同方法测得的阳离子交换量的数值差异较大，在报告及结果应用时应注明方法。

三、仪器与试剂

1. 仪器

（1）电动离心机；

（2）离心管，50 mL；

（3）锥形瓶，100 mL；

（4）量筒，25 mL；

（5）移液管；

（6）碱式滴定管，25 mL；

（7）25 mL 试管。

2. 试剂

（1）氯化钡溶液：称取 60 g 氯化钡（$BaCl_2 \cdot 2H_2O$）溶于水中，移至 500 mL 容量瓶中，用水定容。

（2）0.1%酚酞指示剂（*W*/*V*）：称取 0.1g 酚酞溶于 100 mL 醇中。

（3）硫酸溶液（0.1 mol/L）：移取 5.36 mL 浓硫酸至 1 000 mL 容量瓶中，蒸馏水定容。

（4）0.1 mol/L 氢氧化钠标准溶液。

四、实验步骤

1. 土壤样品处理

土壤样品采来后，自然风干后磨碎过 200 目筛。取 2 个 50 mL 干燥离心管，编号称量其重量 *W*，称取 1 g 左右的过筛后的风干土壤样品。

2. 土壤阳离子交换反应

用量筒向各离心管中加入 20 mL $BaCl_2$ 溶液，用玻璃棒搅拌 5～10 min。然后将 2 支离心管对称放入离心机内，以 3 000 r/min 的转速离心 5～10 min，倒尽上层溶液。重复上述操作 1～3 次。然后向离心管内加 20 mL 蒸馏水，用玻璃棒搅拌 2 min，离心分离，去掉上层清液，将离心管连同管内土样一起，在电子天平上称出各管的重量 *G*。

3. 交换量的测量

利用 H^+ 把土壤中的 Ba^{2+} 全部等价交换下来，往离心管中准确移入 25 mL 0.1 mol/L 硫酸溶液，搅拌 10～15 min，放置 20 min 后，离心沉降。从离心管管内清液中各移出 10 mL 溶液置于 2 个 100 mL 锥形瓶内。再移出 2 份 10 mL 0.1 mol/L 硫酸溶液到另外 2 个锥形瓶内。在 4 个锥形瓶中各加入 10 mL 蒸馏水和 2 滴酚酞，用标准氢氧化钠溶液滴定到终点。10 mL 0.1 mol/L 硫酸溶液耗去的氢氧化钠溶液体积（*A* mL）和样品消耗氢氧化钠溶液体积（*B* mL），氢氧化钠溶液的准确浓度（*N*），连同以上的数据一起记入表 3-1 中。

表 3-1　土壤阳离子交换数据记录表

离心管重量 W（g）		土样重量 W_0（g）		土样消耗碱量 B（mL）		空白消耗碱量 A（mL）	
1	2	1	2	1	2	1	2

五、数据处理

按下式计算土壤阳离子交换量：

$$CEC = \frac{[A\times 2.5 - B\times(25+G-W-W_0)+10]\times N}{W_0}$$

式中的：*CEC*——土壤阳离子交换量，mmol/100 g；

A——滴定 0.1 mol/L 硫酸溶液消耗标准氢氧化钠溶液体积，mL；

B——滴定离心沉降后的上清液消耗标准氢氧化钠溶液体积，mL；

G——离心管连同土样的重量，g；

W——空离心管的重量，g；

W_0——称取的土样重，g；

N——标准氢氧化钠溶液的浓度，mol/L。

六、问题讨论

1. 说明两种土壤阳离子交换量的差别的原因。
2. 本法是测定阳离子交换量的快速方法，除本法外，还有哪些方法可以采用？
3. 试述土壤中的离子交换与吸附作用对污染物的迁移转化的影响。

实验二　土壤脲酶活性监测

一、实验目的

1. 掌握土壤脲酶活性测定的原理和方法。
2. 了解尿素这一有机物在土壤环境中的降解转化。

二、实验原理

酶是一类具有蛋白质性质的、高分子的生物催化剂。土壤酶是存在于土壤中的生物催化剂，土壤中所进行的一切生物化学过程都要经过酶的催化才能完成。土壤酶是由活的有机体所合成的，或者在其生长过程中分泌与体外，或者在其死亡后自溶而释放出。土壤酶可分为胞内酶和胞外酶两种。胞外酶或溶出后的胞内酶进入土壤结构后，均具有相对稳定性，如能抗微生物分解和抗热稳定性等。它们以三种形式存在于土壤中，一是以吸附状态贮积于土壤中。二是于土壤腐殖质复合存在。三是以游离状态存在。

脲酶存在于大多数细菌、真菌和高等植物里。脲酶是一种酰胺酶，用是极为专性的，它能水解土壤中的尿素，生成氨、二氧化碳和水。土壤脲酶活性与土壤的微生物数量、有机物质含量、全氮和速效磷含量呈正相关。根际土壤脲酶活性较高，中性土壤脲酶活性大于碱性土壤。人们常用土壤脲酶活性表征土壤的氮素状况。

土壤脲酶活泩的测定方法较多，常用的方法有比色法、扩散法和电极法、NH_4^+释放量法等。

采用NH_4^+释放量法来监测土壤中脲酶活性，测定是以脲素为基质经酶促反应后测定生成的氨量，也可以通过测定未水解的尿素量来求得。本实验以尿素为基质，根据酶促产物氨的释放量，来分析脲酶活性。土壤中脲酶活性一般以 37℃培养 48 h 每克土壤释放出的 NH_3–N 毫克数表示。

在土壤中，脲酶在 pH 值为 6.5～7.0 活性最大，它能促使尿素水解转化成氨、二氧化碳，反应如下：

$$H_2NCONH_2 + H_2O \xrightarrow{\text{脲酶}} 2NH_3 + CO_2$$

通过测定释放出的 NH_3 量，可以确定脲酶的活性。

三、仪器与试剂

1. 仪器

（1）培养箱；

（2）蒸馏定氮仪。

2. 试剂（所用试剂均为分析纯）

（1）甲苯（$C_6H_5CH_3$）。

（2）磷酸盐缓冲液：取 0.2 mol/L 磷酸二氢钾溶液 250 mL，加 0.2 mol/L 氢氧化钠溶液 118 mL，用水稀释至 1 000 mL，摇匀，即得。尿素溶液{$c[CO(NH_2)_2]$=0.2 mol/L}：称取 1.2 g 尿素溶入约 80 mL 缓冲液中，后用该缓冲液定容至 100 mL。尿素溶液要当天配制，并在 4℃下保存备用。

（3）10%尿素：称取 10 g 尿素，用蒸馏水溶至 100 mL。

（4）混合指示剂：溶解 0.099 g 的溴甲酚绿和 0.066 g 甲基红于 100 mL 的乙醇（95%）；

（5）硼酸指示剂溶液[$\rho(H_3BO_3)$=20 g/L]：溶解 20 g 硼酸于 950 mL 的热蒸馏水中，冷却，加入 20 mL 的混合指示剂，充分混匀后，小心滴加氢氧化钠溶液[$c(NaOH)$=0.1 mol/L]，直至溶液呈红紫色（pH 约 4.5），稀释成 1 L。

四、实验步骤

1. 新鲜土壤样品，研磨，过 1 mm 筛。分别称取 10.0 g 土样，置于 2 个 250 mL 锥形瓶，向其中加入 1～2 mL 甲苯，以使土样全部湿润为宜，再各加入 10 mL pH6.8 混合磷酸盐缓冲溶液。置于摇床振摇 15 min，使均匀分散。再往第一瓶内加入浓度 10% 的尿素溶液 10 mL，另一锥形瓶内加入蒸馏水 10 mL。两个锥形瓶再置于摇床振摇 5 min，使其充分混匀，将两个锥形瓶塞上纱布塞子，放于培养箱中，37℃培养 24～48 h。

2. 培养结束后，用量筒量取 50 mL 2 mol/L KCl 溶液加入锥形瓶，塞紧后再振荡 30 min，终止脲酶的活性。振荡结束后尽快将试样过滤到蒸氨瓶内。在过滤的同时，安装定氮装置，取 2 个 50 mL 锥形瓶，各加入 10.0 mL 4% 硼酸溶液，使冷凝管出口尖端插入硼酸溶液中，准备蒸馏，定氮装置见图 3-2。

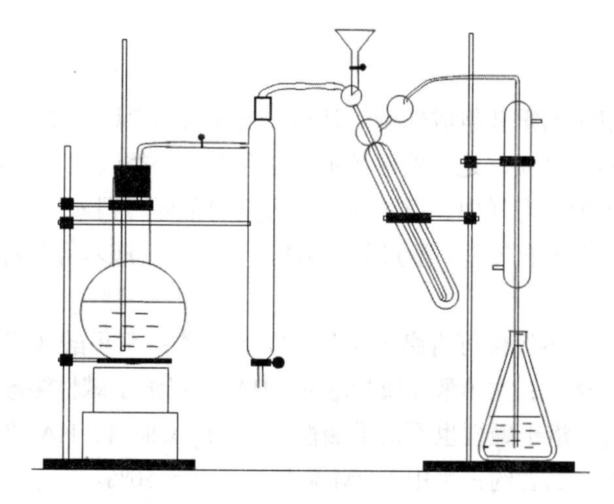

图 3-2　定氮装置示意图

3. 过滤完毕后，迅速往蒸氨瓶内注入 20 mL 4 mol/L NaOH 溶液，立即加热蒸馏。当馏出液达到 50 mL 左右，停止蒸馏。锥形瓶中加 4～5 滴甲基红—亚甲基蓝混合液指示剂，用 0.1 mol/L HCl 滴定瓶内的氨，滴定到淡紫色为终点。记录试样和对照消耗的 HCl 体积 V 和 V_0（mL）。

五、数据处理

$$\text{氨氮}\left(\frac{\text{mg}}{\text{g}}\right)=\frac{N\times(V-V_0)\times 14.0}{W}$$

式中：W为称取的样品重，g；

N为HCl摩尔浓度，mol/L。

六、问题讨论

1. 除了测定尿素降解产物氨外，还能有什么方法可以测定脲酶的活性？
2. 测定土壤脲酶活性的意义是什么？
3. 如果蒸氨时吸收液倒吸到冷凝管中该如何解决？

实验三　土壤沉积物中腐殖物质的提取和分离

一、实验目的

1. 加深对腐殖物质的感性认识。
2. 提取和分离富里酸和腐殖酸，并确定它们的含碳量和含氢量。

二、实验原理

腐殖质是土壤有机物的重要组成部分，是动、植物残体通过生物、非生物的降解、缩合等各种作用形成的天然有机质，是自然环境中广泛存在的一类天然有机大分子物质，存在于土壤、底泥、河底、湖泊及海洋中。腐殖质含有大量的苯环、稠苯环及各种杂环，各环之间又有桥键相连，环及支链上有羧基、酚羟基、酮基、甲氧基、胺基等各种官能团，组成复杂，没有统一的结构。

根据其在水溶液中的溶解性可将腐殖质分为以下 3 类：富里酸（或黄腐酸、FA），既溶于碱性溶液又溶于酸性溶液；腐殖酸（或胡敏酸、HA），仅溶于碱性溶液而不溶于酸性溶液；胡敏素（或腐殖素）既不溶于碱性也不溶于酸性溶液。广义而言，HA 和 FA 均属于特殊的天然溶解有机质（DOM），二者约占水中 DOM 总量的 25%～50%。

研究表明，腐殖酸是地表水中广泛存在的重要天然吸光物质，是构成水体中色度的主要成份之一。且具有较强的络合、螯合、吸附和氧化还原能力。对有机、无机化合物在自然界的迁移、转化和归宿，饮用水水源地水质以及饮用水处理过程中消毒副产物的形成等有非常重要的影。因此分析饮用水水源地水体和底泥中腐殖酸，对研究饮用水水源地水质十分必要。

本实验依据腐殖质三种成分在酸碱中溶解度的不同，将其转化成可溶性钠盐来提取分离。用稀碱和稀焦磷酸钠混合液提取底泥中的腐殖物质，提取物酸化后析出腐殖酸，富里酸留在酸化液中，据此可将富里酸和腐殖酸分离开。

腐殖物质中碳和氢含量测定方法可以用重铬酸钾氧化法。取一部分浸出液测定碳量，作为腐殖酸和富里酸的总量。再取一部分浸出液，经酸化后使腐殖酸沉淀，分离出富里酸，然后将沉淀溶解于氢氧化钠中，测定碳量作为腐殖酸含量。富里酸可按差数算出。留在土样残渣中的有机质胡敏素，由腐殖质测定中的全碳量减去胡敏酸和富里酸的含碳量算出。

碳量的测定采用重铬酸钾氧化外加热法。本法是在外加热源的条件下，用一定量的标准重铬酸钾—硫酸溶液来氧化有机碳，剩余的重铬酸钾用标准硫酸亚铁来滴定。由消耗的重铬酸钾量计算有机碳的含量。

氧化和滴定时的化学反应式如下：

$$2K_2Cr_2O_7 + 8H_2SO_4 + 3C \rightarrow 2K_2SO_4 + 2Cr_2(SO_4)_3 + 3CO_2 + 8H_2O$$

$$K_2Cr_2O_7 + 6FeSO_4 + 7H_2SO_4 \rightarrow K_2SO_4 + Cr_2(SO_4)_3 + 3Fe_2(SO_4)_3 + 7H_2O$$

三、仪器与试剂

1. 仪器

（1）水浴锅，3 孔；

（2）台称；

（3）分析天平；

（4）电动离心机；

（5）振荡器；

（6）离心管，50 mL；

（7）碘量瓶，250 mL；

（8）量筒，100 mL；

（9）干燥器，玻璃 ϕ=5～6 cm；

（10）锥形瓶，250 mL；

（11）铁丝笼架，形状与油浴锅配套，内设若干小格，每格可插一支试管；

（12）硬质试管，25 mm×100 mm；

（13）注射器，5 mL；

（14）温度计，250℃。

2. 试剂

（1）底泥，风干后磨碎过 100 目筛备用。

（2）浸提液：称取 44.6 g 焦磷酸钠（$Na_4P_2O_7 \cdot 10H_2O$）和 4.0 g 氢氧化钠，用水溶解，再用水稀释至 1 000 mL，溶液 pH 值在 13 左右。

（3）氢氧化钠溶液：0.05 mol/L，称取 2 g 氢氧化钠，用水溶解，再用水稀释至 1 000 mL。

（4）硫酸溶液：0.5 mol/L，取 28 mL 硫酸（ρ=1.84 g/mL），缓慢注入水中，再加水稀释至 1 000 mL。

（5）硫酸溶液：0.025 mol/L，取 20 mL 0.5 mol/L 硫酸溶液，用水稀释至 1 000 mL。

（6）重铬酸钾标准溶液：0.800 0 mol/L，称取经 150℃烘干 2 h 的 39.224 8 g 重铬酸钾（$K_2Cr_2O_7$），精确至 0.000 1 g，加 400 mL 水，加热溶解，冷却后，加水稀释至 1 000 mL。

（7）硫酸亚铁铵标准溶液：0.2 mol/L，称取 80 g 硫酸亚铁铵[$Fe(NH_4)_2(SO_4)_2 \cdot 6H_2O$]，

溶解于水，加 15 mL 硫酸（ρ=1.84 g/mL），再加水稀释至 1 000 mL。

（8）邻菲啰啉指示剂：称取 1.485 g 邻菲啰啉（$C_{12}H_8N_2 \cdot H_2O$）和 0.695 g 硫酸亚铁（$FeSO_4 \cdot 7H_2O$），溶于 100 mL 水中，形成的红棕色络合物贮于棕色瓶中。

（9）石英砂，黄豆大小。

（10）硫酸，（ρ=1.84 g/mL）。

（11）硫酸银，研成粉末。

四、实验步骤

1. 富里酸和腐殖酸的分离

取河道内土壤沉积底泥，自然风干，研成粉末，过 100 目筛，称取底泥粉末 30 g，置于 250 mL 碘量瓶中，加入 100 mL 焦磷酸钠—氢氧化钠混合提取液，放在振荡器上振荡 30～60 min。将混合物均匀倒入两个离心管中，离心分离 10 min。将上层溶液倒入 250 mL 锥形瓶内，用 1 mol/L 盐酸调节溶液瓶内溶液的 pH=3，再振荡半小时。再将锥形瓶内容物均分至两个离心管内，离心分离 10 min。将上层溶液倒入 250 mL 锥形瓶内，其主要成分是富里酸。离心管内残渣主要含腐殖酸，保留备用。

2. 富里酸含量的测定

取两个同样大小玻璃蒸发皿，105 ℃烘至恒重，编号，分别称出 1 号重量 G 和 2 号重量 F。1 号蒸发皿内移入 20 mL 上述锥形瓶内的富里酸溶液，用 1 mol/L 氢氧化钠溶液将其 pH=7。2 号蒸发皿作空白实验，加入 20 mL 提取液，1 mol/L 盐酸调节溶液瓶内溶液的 pH=3，再用 1 mol/L 氢氧化钠溶液将其 pH=7。将两个蒸发皿放在沸水浴上蒸干。在 105℃烘至恒重后称出 1 号重量 W 和 2 号重量 H。剩余富里酸溶液留作碳含量测定。

3. 腐殖酸含量的测定

在称量瓶内放置一张定量滤纸，开盖放在 105℃烘箱内烘至恒重。干燥器冷至室温后称出重量 A。取出滤纸，放在玻璃漏斗内。用 1 mol/L 的盐酸将蒸馏水的 pH 值调制到 3，把腐殖酸渣转移入漏斗内过滤。滤干后取出滤纸，放回原称量瓶中，在 105℃烘箱内烘至恒重后，在干燥器内冷至室温，再称出重量 B。

4. 腐殖酸碳量的测定

用分析天平准确称上述取腐殖酸样品 0.05～0.1 g，放入干燥的硬质试管中。用滴定管准确加入 5 mL 0.13 mol/L $K_2Cr_2O_7$，轻轻摇动试管，使管内试样分散。再沿管壁缓慢加入 5 mL 浓 H_2SO_4，在试管口加一小漏斗，以冷凝蒸出之水汽。把试管插入铁丝笼中并放入预先加热至 170～180℃，保温。当试管内容物开始沸腾时，准确计时煮沸 5 min。取出试管，自然冷却后将试管内容物用蒸馏水洗入锥形瓶中，控制瓶内总体积不要超过 60～70 mL，加入 2～3 滴邻菲罗啉指示剂，用 0.1 mol/L $FeSO_4$ 滴定，溶液颜色由橙黄变绿再突变到棕红色即为终点，记录所用 $FeSO_4$ 体积 V，同时做空白试验，记录 $FeSO_4$ 体积 V_0。

5. 测定富里酸碳量百分数

用分析天平称取步骤 2 中富里酸粉末 0.1 g，采用步骤 4 相同的方法测定。

五、数据处理

1. 按下式计算底泥中富里酸含量：

$$富里酸含量（\%）=\frac{(W-G-Q)}{30}\times 100$$

式中：$Q=H-F$。

2. 按下式计算底泥中腐殖含量：

$$腐殖酸含量（\%）=\frac{(B-A)}{30}\times 100$$

3. 碳含量按下式计算：

$$碳含量（\%）=\frac{(V_0-V)\times N\times 0.003\times 1.742}{样品重}\times 100$$

式中：V_0——滴定空白时消耗的 $FeSO_4$ 毫升数，mL；

V——滴定样品时消耗的 $FeSO_4$ 毫升数，mL；

N——$FeSO_4$ 的摩尔浓度，mol/L；

0.003——1 mmol 碳的克数，g。

六、问题讨论

1. 环境中的腐殖物质对重金属污染物的迁移转化起什么作用？
2. 富里酸和腐殖酸在外观上有何区别？
3. 如何采集合适的土壤样品才能获得理想的实验结果？

第四章 大气环境化学监测实验

环境空气中悬浮颗粒物浓度的测定

一、实验目的

1. 掌握重量法测定大气颗粒物的原理和方法。
2. 了解中流量智能 TSP 采样器使用方法。

二、实验原理

在环境科学中，大气颗粒物特指悬浮在空气当中的固体颗粒或液滴，是空气污染的一个主要来源。总悬浮颗粒物是指漂浮在空气中的固态和液态颗粒物的总称，其粒径范围约为 0.1～100 μm。其中，粒径小于等于 10 μm 的颗粒物称为可吸入颗粒物，也称 PM10。直径小于等于 2.5 μm 的颗粒物称为细颗粒物，也称 PM2.5。动力学直径小于等于 10 μm 的粒子。它们是可在大气中长期飘浮的悬浮微粒，也称可吸入微粒、可吸入尘或飘尘。由于粒径小能被人直接吸入呼吸道内造成危害，尤其是小于等于 2.5 μm 的细粒子，例如 Pb、Mn、Cd、Sb、Sr、As、Ni、硫酸盐、多环芳烃等含量较高，在空气中停留时间长，易将污染物带到很远的地方使污染范围扩大。对环境的有害影响还有散射阳光、降低大气的能见度等。可吸入尘同时在大气中还可为化学反应提供反应床，是气溶胶化学中研究的重点对象，已被定为空气质量监测的一个重要指标。

颗粒物的直径越小，进入呼吸道的部位越深。10 μm 直径的颗粒物通常沉积在上呼吸道，5 μm 直径的可进入呼吸道的深部，2 μm 以下的直径可 100%深入到细支气管和肺泡。可吸入颗粒物能够通过呼吸过程进入人体的呼吸道并积聚在肺部，对人的健康造成影响。

目前我国许多城市的大气首要污染物为可吸入颗粒物（PM10），它们对人体健康、植被生态和能见度等都有着非常重要的直接和间接影响。因此，对这类污染物的浓度进行测定是大气环境污染研究中一项重要的工作。

环境空气中悬浮的颗粒物浓度的测定通常有以下 3 种方法：

1. 重量法

用重量法测定大气中总悬浮颗粒物的方法一般分为大流量（1.1～1.7 m^3/min）和中流量（0.05～0.15 m^3/min）采样法。其原理是抽取一定体积的空气，使之通过已恒重的滤膜，则悬浮微粒被阻留在滤膜上，根据采样前后滤膜重量之差及采气体积，即可计算总悬浮颗粒物的质量浓度。

大流量法使用带有颗粒物切割器（惯性切割器、重力切割器）的大流量采样器采样。首先使一定体积的大气通过采样器，将大颗粒物分离出去，小的颗粒物被收集在预先恒重的滤膜上，根据采样前后滤膜重量之差及采样体积，即可计算出飘尘的浓度。用该法还能进行有机物、金属离子和无机盐的分析。

小流量法使用小流量采样器，如我国推荐使用 13 L/min。使一定体积的空气通过具有分离和捕集装置的采样器，首先将粒径大的颗粒物阻留在撞击挡板的入口挡板内，飘尘则通过入口挡板被捕集在预先恒重的滤膜上，根据采样前后的滤膜重量之差及采样体积计算飘尘的浓度。用此法还可作飘尘中有害物质成分的单项测定。

2. 压电晶体振荡法

这种方法以石英谐振器为测定飘尘的传感器，通过测量采样后两石英谐振器频率之差（Δf），即可得知飘尘浓度。当用标准飘尘浓度气样校准仪器后，即可在显示屏幕上直接显示被测气样的飘尘浓度。

3. β 射线吸收法

该测量方法的原理基于：将 β 射线通过特定物质后，其强度衰减程度与所透过的物质质量有关，而与物质的物理、化学性质无关。通过测清洁滤带（未采尘）和采尘滤带（已采尘）对 β 射线吸收程度的差异来测定采尘量。

本实验在校园工作区进行采样分析。通过本实验，达到掌握重量法测定大气中悬浮颗粒物（如 TSP、PM10、PM5、PM2.5）浓度的目的。

本实验采用中流量采样重量法测定。通过具有一定切割特性的采样器，以恒速抽取一定体积的空气，空气中某一粒径范围的悬浮颗粒物被截留在已恒重的滤膜上。根据采样前、后滤膜质量之差及采样体积，计算悬浮颗粒物的浓度。

三、实验仪器和材料

1. 中流量智能 TSP 采样器，1 台，崂应 2030 型中流量智能 TSP 采样器；

2. 日光灯灯箱，1 台，用于检查滤膜有无缺损；

3. 打号机，1 台，用于在滤膜及滤膜袋上打号；

4. 镊子，1 个，用于夹取滤膜；

5. 超细玻璃纤维滤膜，1 合；

6. 滤膜袋，用于存放采样后对折的采尘滤膜，袋面印有编号、采样日期、采样地点、采样人等项栏目；

7. 滤膜保存盒，1 个，用于保存滤膜，保证滤膜在采样前平展不受折状态；

8. 恒温恒湿箱，1 台，温度要求在 15～30℃范围内连续可调，控温精度±1℃；箱内空气相对湿度应控制在（50±5）%，恒温恒湿箱可连续工作；

9. 分析天平，1 台，称量范围≥10 g，感量 0.1 mg，标准差≤0.2 mg。

四、实验方法和步骤

1. 滤膜准备

每张滤膜使用前均需用荧光灯箱进行检查，不得有针孔等任何缺陷，编号。将编好号的滤膜放在恒温恒湿箱中平衡 24 h 以上，平衡温度取 20～30℃中任一点，记录下平衡温度与湿度。称量滤膜，记录下滤膜质量 m_0（g）。称量好的滤膜平展的放在滤膜保存盒中，采样前不得将滤膜弯曲或折叠。

2. 安放滤膜及采样

（1）选择干燥、避阳处，将仪器平稳放置。打开采样头顶盖，取出滤膜夹。用清洁干布擦去采样头内及滤膜夹的灰尘。

（2）将已编号并称量过的滤膜绒面向上，放在滤膜支持网上。放上滤膜夹，对正，拧紧，使不漏气。安好采样头顶盖，确认电源为 220 V 后，接通电源，打开电源开关。开机后，照明灯点亮，仪器进入初始状态，进行自检，并显示仪器型号、版本号等信息。自检正常后，自动对传感器进行校零。进入主操作菜单，选择设置菜单，选择单次采样或间隔采样，并设置具体数据。进入采样菜单，可调整采样流量（60～120 L/min），对于粉尘采样，需要输入滤膜的编号，便于用户对样品的标记和管理；若出现符号，表示工作正常，可以启动采样，按启动键进行采样。启动粉尘采样后会出现两个界面，可以循环显示当前的实际采样流量、当前累计采样时间、实际采样体积、标况采样体积、计前温度和计前压力。

（3）样品采完后，打开采样头，用镊子轻轻取下滤膜，采样面向里，将滤膜对折，放入号码相同的滤膜袋中。取滤膜时，如发现滤膜损坏，或滤膜上尘的边缘轮廓不清晰、滤膜安装歪斜（说明漏气），则本次采样作废，需重新采样。

3. 尘膜的平衡及称量

尘膜在与干净滤膜平衡条件相同的温度、湿度下，恒温恒湿箱中平衡 24 h。称量滤膜，大流量采样器滤膜称量精确到 1 mg，中流量采样器滤膜称量精确到 0.1 mg。记录下滤膜质量 m_1（g）滤膜增重，大流量滤膜不小于 100 mg，中流量采样器滤膜不小于 10 mg。数据记入表 4-1 中。

表 4-1　悬浮颗粒物浓度分析记录表

月　日	滤膜编号	采样标准状态流量（m^3/min）	累计采样时间（min）	累计采样体积（m^3）	滤膜质量（g）			悬浮微粒浓度（μg/m）
					空膜	尘膜	差值	

五、数据处理

悬浮颗粒按照下式计算：

$$悬浮颗粒物含量（\mu g/m^3）=\frac{K\times(m_1-m_0)}{Q_N\times t}$$

式中：t——累积采样时间，min；

Q_N——采样器平均抽气流量，m^3；

K——常数，大流量采样器 $K=1\times10^6$，中流量采样器 $K=1\times10^9$。

思考题

1. 测试条件如温度、湿度对结果有什么影响？
2. PM2.5 测定的意义是什么？

第二篇
环境分析化学监测实验技术

第五章　环境分析化学监测实验基础知识

一、实验室守则

1. 学生应按教学计划与课程安排进入实验室做实验。实验课必须带好报告纸，穿着白大褂。不得在实验室穿拖鞋，不得将与实验无关的物品带入实验室，书包、衣物应放在指定地点。

2. 实验课前必须做好预习，熟悉实验内容，明确实验目的、要求、方法及有关注意事项，写好实验预习。不做预习和无故迟到者不得进入实验室。教师要认真检查预习情况。

3. 学生进入实验室必须服从教师指导，在指定位置做实验。遵守课堂纪律，不得旷课迟到，不许喧哗，不许擅自离开岗位。

4. 实验过程中注意保持实验室桌面、地面、水池的清洁，要爱护仪器、节约药品；取完药品要盖好瓶盖并放回原处；仪器破损要及时报损；实验中发生错误，需经教师同意后方可重做。

5. 所有实验数据都要及时如实地记录在专用实验记录本上，严禁随意杜撰和拼凑数据。实验结束后要经教师审阅签字。

6. 废液、废渣不得倒入水池内，必须倒在指定的废液桶中，用过的溶剂和产品必须回收。

7. 实验结束后，将仪器设备、用具归放原处，将实验场地周围环境整理干净，经教师检查合格后，方可离开实验室。不得将实验仪器、药品随意带出实验室。

8. 值日生要做好清洁卫生工作，检查实验室安全，关好门、窗、水、电、气。

二、实验过程中的个人防护

某些实验具有一定的危险性，事先必须认真考虑人身防护的措施，实验室均须配备必要的防护器具。

1. 眼部保护

实验过程中不要佩戴隐形眼镜，隐形眼镜对眼睛的意外伤害不但起不到防护作用，而且当眼睛受损后不易清洗。隐形眼镜不适合在高温环境下使用，较高温度下可能会被灼烧变形，导致失明。长期做高温实验，可以佩戴墨镜，或是颜色较深的太阳镜。

为了避免或尽可能的减少眼部受伤的危险，实验室如有条件应配备防护眼镜，提倡在进行具有潜在危险的实验操作时以及其他可能产生对眼部有冲击危险的实验过程中必须佩戴。对于进行某些易溅、易爆的实验，应设法在实验装置与操作者之间安装透明的防护板或采取其他防护措施。

实验室应安装紧急洗眼器，当眼部被试剂或其他液体污染时，应即用紧急洗眼器冲洗，之后到眼科就诊。实验授课教师有责任对新进实验室的学生讲解这些设施的用途和使用方法。管理人员应认真维护并保持这些设施的清洁和有效，人人都有义务爱护这些设施并不做它用。

2. 头部防护

口罩可以保护部分面部免受化学试剂或生物危害物质如血液、体液、分泌物以及排泄物等喷溅物的污染，一般在使用时可同时佩戴面罩，以组合使用的方法保护整个面部，单独使用不能对实验人员提供呼吸保护。

3. 手部保护

进行有危险性的实验操作时必须佩戴合适的防护手套。应根据实际进行的操作选择对于能起到防腐、防渗或防烫等作用的手套，所用手套应是未老化、无裂口的，必要时可戴两双手套以确保外层手套破裂时手不受伤。实验操作人员如手部皮肤有破损或皮疹，则必须戴双层手套，操作完毕，脱去手套后立即洗手，必要时进行手消毒。不同成分的橡胶手套抗腐蚀的对象也不同，例如：接触浓硝酸、氢氧化钠、高氯酸时应佩戴乙烯树脂手套或氯丁橡胶手套；接触氯仿、四氯化碳时应佩戴丁腈橡胶手套或天然橡胶手套；接触过氧化氢、乙酸、氨水时可佩戴各种橡胶手套；接触浓硫酸时应佩戴天然橡胶手套或氯丁橡胶手套。另外，为避免有毒有害物质污染扩散，应注意佩戴防护手套，操作过程中接触日常品（电话、门、把手、笔等）时应脱下手套。手套不能随便放置和丢弃，只能放置在指定地点。一次性手套不得清洗和再次使用。

4. 足部防护

当实验室中存在物理、化学和生物危险因子的情况下，穿合适的鞋子和鞋套或靴套。可防止实验人员足部（鞋袜）受到损伤。禁止在实验室中穿拖鞋，建议使用皮质或合成的不渗液体的鞋类以及防水、防滑的一次性橡胶靴子。

5. 身体防护

在实验室中操作人员应该穿着防护服，避免皮肤接触任何化学试剂，同时避免日常的着装受到污染。清洁的防护服应放置在专用出存放，污染的防护服应放置在有标志的防漏消毒袋中。离开实验区域之前应脱去防护服，不可穿着已有污染的实验服进入办公室、会议室、食堂等公共场所，实验服应经常洗以确保清洁。

6. 通风橱

为了防止直接吸入有毒气体，所有涉及挥发性、刺激性物质的操作都必须在通风橱中进行，这样既可避免实验者受害，也可防止污染周围环境，有利于保障楼内他人的健康。

为了保障排风不受阻碍，一般情况下通风橱内不应放置大件设备，不可堆放试剂或其他杂物，只放当前使用的物品，而且化学危险品及玻璃仪器不宜离橱门太近。

操作过程中不可将头伸进通风橱，为了保持足够的风速将有毒有害气体排走，化学反应过程中应尽量使橱门放得较低。

三、实验室的一般安全操作

1. 使用玻璃器皿的安全操作

玻璃器皿是化学实验室的常用仪器，如果使用不当也会造成伤害或导致意外，以下具体操作应当予以重视：

（1）为防治打碎玻璃器皿，使用时应轻拿轻放，实验前应仔细检查是否有裂纹或破损。

（2）将玻璃管插入橡胶塞或在玻璃管上套橡胶管时应注意防护，插管时可戴手套或垫毛巾包着玻璃管进行操作。橡胶塞打孔过小时不可强行使玻璃管或温度计插入，应涂些润滑剂或重新打孔，以防折断。

（3）在折断已锯有锉痕的玻璃管时，应两手握管，锉痕朝下，两个拇指尖靠在一起按在锉痕的对面加压使玻璃管从锉痕处折断，使用折断的玻璃管或玻璃棒时应将端头截面烧成圆滑。

（4）进行试管加热时，勿使管口朝自己或他人，以防溶液溅出伤人。

（5）量筒、试剂瓶、培养皿等软质玻璃制品不可直接在火上或电炉上加热，不应在试剂瓶或量筒中稀释浓硫酸或固体试剂。

（6）灼热的器皿放入干燥器时不可马上盖严，应留小缝适当放气。挪动干燥器时双手都应捏住干燥器的边，以防盖子滑落。

（7）真空或密封的玻璃仪器操作时应格外小心。

2. 实验过程中的安全操作

化学实验过程中往往涉及玻璃仪器组装，试剂移取，加热或冷却，温度或压力控制等多个环节，危险因素较多，必须注意安全操作。

（1）蒸馏和回流实验中往往用自来水进行冷却，橡胶管必须接牢，而且应时常检查是否老化或容易脱落，一旦脱开不仅造成跑水，还可能因停止冷却而发生事故。

（2）不同的溶剂体系应采用不同的加热方式，例如加热沸点在80℃以下的液体必须用水浴加热，而且只能从冷水加热开始；加热沸点在80℃以上的液体可采用调温度的电热套，油浴等。加热的低沸点易燃溶剂应避免，加热设备应远离易燃物。禁止使用敞口容器加热有机溶剂。

（3）加热过程必须注意防止局部过热和爆沸。

（4）在蒸馏和回流溶液时应先加入沸石，再开始加热（不宜向热溶液加沸石）。

（5）进行易燃溶液热过滤时，倾倒溶液前应关闭加热器。

（6）进行蒸馏或回流操作时，务必防止形成封闭体系，否则容易发生爆炸事故。

（7）不可随意徒手拾取灼热的玻璃器皿，要防止烫伤手或感觉烫手时将器皿仍开而发生事故。应选择合适方法拾取（专用夹子，钳子或佩戴手套等）。

（8）加热反应或蒸发过程中，操作者不可长时间离开，暂时离开应委托他人照看，以便防止发生意外事故。

3. 使用试剂的安全操作

进行化学实验最基本的原则是，将一切化合物都先视为具有潜在的危害，尤其是对于新的、尚不熟悉的物质，使用时或进行化学反映的过程中应尽可能减少吸入和皮肤接触。以下具体操作值得注意：

（1）无论使用一般危险品或剧毒品时都应戴手套。

（2）不要品尝化学试剂，不要直接俯向容器口去嗅化学试剂的气味，而应离得远些用摆动手掌将少许气味引向鼻孔。不要闻尚不知毒性的化合物。

（3）不要用嘴来吸移液管或启动虹吸管，而应使用吸耳球。

（4）对于易挥发的液体（如乙醚、丙酮、溴、四氯化碳、硝酸等），容器内不可盛得过满，不可至于日晒或高温处，开启这类容器时勿使瓶口正对人身。

（5）稀释浓硫酸时必须在搅拌下将硫酸缓缓倾入水中，切不可将水倒入浓酸中，以防液体发热溅出来伤人。

（6）装有化学试剂或废液的容器都必须立即贴好标签，使用化学试剂时应仔细阅读标签。

（7）有毒有害废液不可倾入下水口，应按规定放入回收容器中。

（8）量取化学试剂时，若遗撒在桌上、地下应及时清理干净。

（9）非实验室人员，无权索取化学药品，如有发生，本室人员要负有法律连带责任。

（10）实验室管理人员严格履行药品的发放制度。

四、化学危险品简介

一般说来，具有易燃、易爆、腐蚀、毒害和放射性等危险性质，在一定条件下能引起燃烧、爆炸和导致人体中毒、燃烧或死亡等事故的化学物品及放射性物品统称为化学危险品。如金属钠、浓硝酸、氢化铝锂、放射性物质等。化学危险品性质各异，危险性大小不一，而且有些化学危险品不只具有单一的一种危险性，而常常具有多种危险性。在其多种危险性中必有一种表现最为突出的主要危险性，所以根据其主要危险性进行分类，以便于管理和采取相应的安全对策。

化学危险品约有 6 000 种，目前常见、用途广泛的有 2 000 种左右。世界各国对化学危险品进行分类的原则基本不同，只是略有合并、删减而已。

我国对化学危险品的分类是根据化学危险品特性中的主要危险和生产、运输、使用时便于管理的原则进行分类，而不是按照化学、毒理学、物理学等分类方法进行分类。依据国家标准《常用危险化学品的标志及分类》的规定，将化学危险品分为 8 类：

1. 爆炸品；
2. 压缩气体和液态气体；
3. 易燃液体；
4. 易燃固体、自燃物品和遇湿易燃物品；
5. 氧化剂和有机过氧化物；
6. 毒害品；

7. 腐蚀品；

8. 放射性物品。

五、实验仪器设备器材损坏丢失赔偿处理办法

1. 赔偿原则

（1）适合民用的仪器设备，例如：照相机、电风扇、秒表、计算机、打字机等的损坏丢失，要按原价赔偿（根据使用年限、折价或按当时市价计算）。

（2）一般玻璃仪器及工具损坏、丢失应赔偿 30%～50%，贵重玻璃仪器应赔偿 20%～30%

（3）大型贵重仪器损坏赔偿修理费 10%～50%，完全损坏赔偿原价 1%～10%。

（4）损坏丢失的设备、仪器或零配件，应按新旧程度合理折价，并减除残值计算，特殊情况可按当时市价合理议价计算。

（5）损坏丢失设备、仪器的责任事故，属于几个人共同负责的应根据各个人的责任大小，表现和认识，分别予以适当的批评和处分，并分担赔偿费。

2. 学生损坏仪器赔偿办法

（1）学生损坏仪器应由本人及时填写报损单，并交实验教师当场进行鉴定。如无正当理由不交赔偿费者，从通知之日起一个月后即停止实验，而且今后不再补做。

（2）因责任事故，造成设备器材的损坏丢失的应照章处理，予以赔偿。对于一贯不爱护设备器材、严重不负责任、严重违反操作规程、发生事故后，隐瞒不报，推卸责任、态度恶劣的、损失严重的、后果严重的，除责令赔偿外视其具体情节，给予行政处分，或依法追究刑事责任。

第六章　基本实验操作技术练习

实验一　分析天平的使用及称量练习

一、实验目的

1. 了解分析天平的构造及使用规则。

2. 掌握直接称量法、固定称量法和减量称量法。

二、实验步骤

1. 直接称量法练习

称量前检查天平是否水平，观察天平水平仪中的水平泡是否位于中心，如果不在中心，可以通过调节天平下面的升降螺丝，使之处于水平。天平处于水平后，不要随意挪动位置。检查天平内部是否清洁。将天平左右两个门打开，用小毛刷将天平盘及天平箱内刷干净。

接通电源，按“ON”键，经过短暂自检后，显示屏应显示“0.0000 g”。如果显示不是“0.0000 g”，则按“TAR”键使之显示为“0.0000 g”。

将一个干燥洁净的小表面皿，用一小纸片垫上放在分析天平盘上，待读数稳定后，读出小表面皿的质量，将结果记录在报告本上。

2. 固定称量法练习

（1）在准确称出小表面皿质量的基础上称出 0.500 0 g 样品。将样品用牛角勺逐渐加到小表面皿上，称出表面皿和样品的质量，使表面皿和样品的质量减去表面皿的质量之差为 0.500 0 g。（误差范围为 ± 0.000 2 g）

（2）不取出表面皿及表面皿上的样品，按一下“TAR”键清零（去皮），然后再用牛角勺将样品逐渐加到表面皿上，使天平的读数显示为 0.500 0 g。

（3）重复步骤（2），再称出 0.500 0 g 样品。

3. 减量法练习

（1）按一下“TAR”键，将天平清零。将已准备好的两个干燥、清洁的瓷坩埚（空坩埚 1 和空坩埚 2），用纸条套住，分别在分析天平上准确称出其质量，将空坩埚 1 和空坩埚 2 的质量分别记为 m_0和m_0'。

（2）按一下“TAR”键，将天平清零。另取一洁净、干燥的称量瓶，加入样品，打开天平左边的门，用纸条套住称量瓶，用左手将装有样品的称量瓶放在天平盘上，关上天平门，称出“称量瓶+样品”质量，记为m_1。

（3）打开天平左边门，用纸条套住称量瓶，用左手将称量瓶从天平中取出，置于坩埚上方，用右手垫上一个小纸块将瓶盖打开，左手慢慢地将称量瓶倾斜，用盖轻轻敲称量瓶上方瓶口，小心地将样品落入坩埚 1 中，当倒出的样品估计接近所需要称量的量时，仍在坩埚 1 上方，一面用盖轻轻敲打称量瓶，一面将称量瓶慢慢竖起，使沾在瓶口内壁或边上的试样落入称量瓶或瓷坩埚 1 中，盖好瓶盖，再准确称量。记下称量瓶和剩余样品的质量，记为m_2（如果试样倒得过少，可以按照上述操作补加，重新准确称量。如果倒出的试样过多，只好将倒出的试样废弃，重新称取）。（m_1-m_2）应为称出的样品质量。

（4）减量法中去皮法称量：不取出称量瓶，按一下“TAR”键，将天平清零（去皮），打开天平左边门，用纸条套住称量瓶，用左手将称量瓶从天平中取出，置于坩埚 2 的上方，用右手垫上一个小纸块将瓶盖打开，左手慢慢地将称量瓶倾斜，用盖轻轻敲击称量瓶上方瓶口，小心地使样品落入坩埚 2 中。在坩埚 2 上方，一面用盖轻轻敲打称量瓶，一面将称量瓶慢慢竖起，使沾在瓶口内壁或边上的试样落入称量瓶或坩埚 2 中，盖好瓶盖，再准确称量，当倒出的样品试样在 0.3～0.4 g 范围时，天平上直接显示出称出的样品质量，一目了然。记下称量的样品的质量，记为m_3。打开天平左边门，用纸条套住称量瓶，用左手将称量瓶从天平中取出，关上天平门。

（5）按一下“TAR”键，将天平清零。打开天平左边门，用纸条套住坩埚 1，将其放在天平上，准确称出坩埚 1 加试样后的质量，记为m_4。同样操作，准确称出坩埚 2 加试样后的质量，记为m_5。m_4-m_0应为坩埚 1 中样品的质量，m_5-m_0'应为坩埚 2 中样品的质量。

（6）称量完毕，取下被称量物，按“OFF”键关闭天平，盖上天平罩。

4. 天平称量后检查

每次称量结束后，应检查自己作用天平。内容包括：

（1）天平内有无赃物，如有则用毛刷清理；

（2）天平门是否关好；

（3）关闭天平，罩上天平罩，切断电源。

三、实验数据与结果

表 6–1　直接称量法和固定称量法数据

实验次数	表面皿质量（g）	表面皿+试样质量（g）	试样质量（g）	绝对误差（g）
1				
2				
3				

表 6-2 减量法数据

称量名称	Ⅰ	Ⅱ
称量瓶+样品质量（g，倾出样品前）	m_1	m_2'
称量瓶+样品质量（g，倾出样品后）	m_2	m_3
倾出样品质量（g）	m_1-m_2	$m_2'-m_3$
坩埚+样品质量（g）	m_4	m_5
空坩埚质量（g）	m_0	m_0'
称出样品质量（g）	m_4-m_0	m_5-m_0'
绝对偏差（g）		

表 6-2 中：m_0，m_0'——分别为空坩埚 1 和空坩埚 2 的质量，g；

m_1——称量瓶+$CaCO_3$ 的质量（倾出样品前），g；

m_2——称量瓶和剩余 $CaCO_3$ 的质量（倾出样品后），g；

m_2'——称量瓶和剩余样品的质量，g；

m_3——称量的 $CaCO_3$ 的质量，g；

m_4——坩埚 1 加试样后的质量，g；

m_5——坩埚 2 加试样后的质量，g。

检验：$(m_1-m_2)-(m_4-m_0)<0.0005$ g

$(m_2'-m_3)-(m_5-m_0')<0.0005$ g

思考题

1. 固定称量法和减量法各有何优缺点？在何种情况下使用这两种方法？

2. 在减量法中，从称量瓶向器皿中转移样品时，能否用药匙取？为什么？如果转移样品时有少许样品未能转移到器皿中而撒落到外边，此次称量的数据是否还能使用？

实验二 滴定管的使用及酸碱滴定基本操作练习

一、实验目的

1. 掌握滴定管、移液管的清洗及使用方法；

2. 初步掌握滴定的基本操作及使用甲基橙、酚酞作指示剂准确判断终点的方法。

二、试剂与仪器

1. 试剂

（1）浓 HCl，约 12 mol/L，分析纯；

（2）NaOH 饱和溶液，约 40%～50%，15～18 mol/L；

（3）酚酞指示剂，0.2%乙醇溶液；

（4）甲基橙指示剂（0.2%水溶液）。

2. 仪器

（1）酸式滴定管（50 mL，参见图 6-1）；

（2）碱式滴定管（50 mL，参见图 6-1）；

（3）移液管（25 mL）；

（4）试剂瓶（50 mL）；

（5）锥形瓶（250 mL）。

三、实验原理

本实验用 HCl 滴定 NaOH 和用 NaOH 滴定 HCl 是属于酸碱滴定法。酸碱滴定法是以酸碱反应为基础的滴定分析法。酸碱反应的实质是 H^+与 OH^-结合生成 H_2O：

$$H^+ + OH^- = H_2O$$

以甲基橙和酚酞为指示剂。

四、实验步骤

1. 配制 500 mL 0.1mol/L HCl 溶液

用小量筒量取 4.2 mL 浓 HCl，倒入试剂瓶中（在通风橱中进行），用蒸馏水稀释至 500 mL，盖上玻璃塞，摇匀。

2. 配制 500 mL 0.1 mol/L NaOH 溶液

用小量筒量取 3.5 mL NaOH 饱和溶液，倒入试剂瓶中，用蒸馏水稀释至 500 mL，盖上橡皮塞，摇匀。

3. 滴定管的准备

（1）洗涤（用自来水洗净）。

（2）酸式滴定管玻璃活塞涂凡士林。

（3）碱式滴定管检漏。

（4）用蒸馏水润洗 2～3 次。

（5）装入操作溶液：用操作溶液润洗 2～3 次（将操作溶液直接倒入滴定管中），每次 5～10 mL。然后装入操作溶液，赶走气泡（参见图 6-2），调节操作液液面。

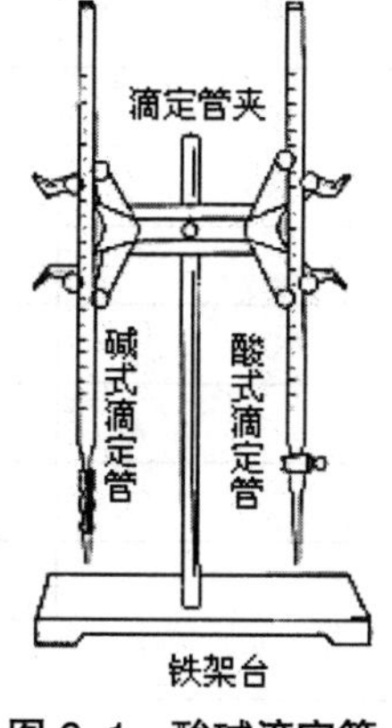

图 6-1　酸碱滴定管

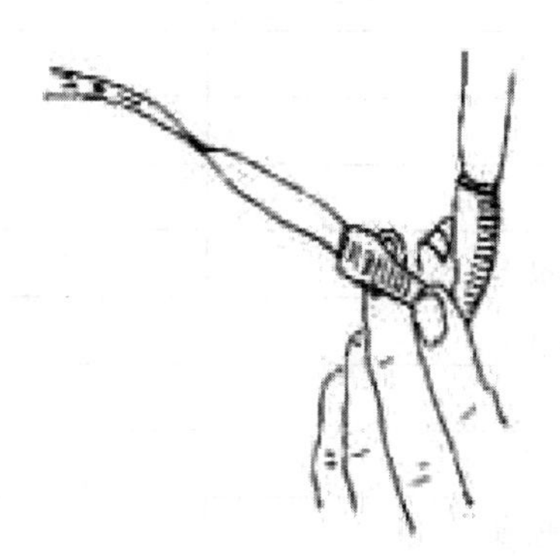

图 6-2　碱式滴定管的排气操作

（6）调整铁架台的位置及滴定管的高度。

（7）滴定操作。

（8）读数。

4. 酸碱体积比的测定

由碱式滴定管放出 NaOH 溶液 20～30 mL（以每分钟约 10 mL 的速度放出溶液，即每秒滴出 3～4 滴溶液），放入 250 mL 锥形瓶中，加入 1 滴甲基橙指示剂，用 0.1 mol/L HCl 溶液滴定至溶液由黄色转变为橙色。再滴入少量 NaOH 溶液，溶液由橙色又变为黄色，再由酸式滴定管滴入少量 HCl 溶液，使溶液由黄色再度变为橙色为终点。酸式滴定管的使用方法参见图 6-3。如此反复练习滴定管操作和观察终点，读准最后所用 HCl、NaOH 溶液的体积，并求出滴定时溶液的体积比 V_{HCl}/V_{NaOH}，平行滴定三份，计算体积比和相对平均偏差（%，要求小于等于 0.20%）。

5. 求极差

用 25 mL 移液管移取 25.00 mL 0.1 mol/L HCl 溶液 3 份，于 250 mL 锥形瓶中，加 1～2 滴酚酞指示剂，用 0.1 mol/L NaOH 溶液滴定至微红色（保持 30 s 不退色）为终点，读取所用 NaOH 溶液的体积。如此平行滴定 3 份，求极差（要求小于等于 0.04 mL）。

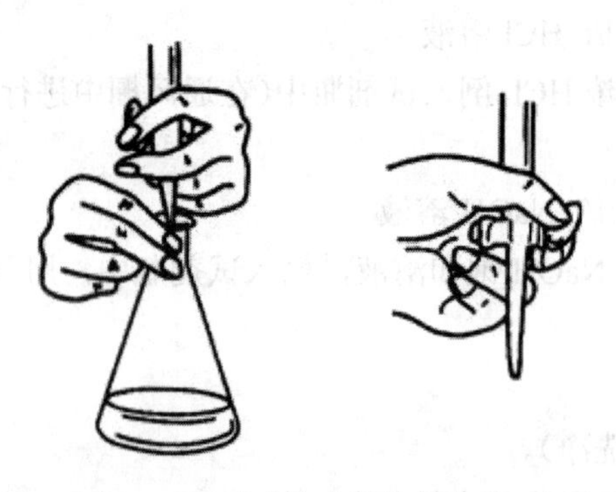

图 6-3　酸式滴定管使用方法

五、实验数据及结果

表 6-3　酸碱体积比

滴定序号 / 记录项目	I	II	III
V_{HCl}（终，mL）			
V_{HCl}（初，mL）			
V_{HCl}（mL）			
V_{NaOH}（终，mL）			
V_{NaOH}（初，mL）			
V_{NaOH}（mL）			
V_{HCl}/V_{NaOH}			
V_{HCl}/V_{NaOH} 平均值			
相对平均偏差（%）			

表 6-4　NaOH 滴定 HCl

记录项目＼滴定序号	Ⅰ	Ⅱ	Ⅲ
V_{HCl}（mL）	25.00	25.00	25.00
V_{NaOH}（终，mL）			
V_{NaOH}（初，mL）			
V_{NaOH}（mL）			
极差（mL）			

思考题

1. 能否在分析天平上准确称取固体 NaOH 直接配制标准溶液？为什么？
2. 在滴定分析实验中，滴定管、移液管为什么需要用操作溶液润洗几次？滴定中使用的锥形瓶或烧杯是否也要用操作溶液润洗？
3. 在酸碱滴定中指示剂的选择原则是什么？
4. “指示剂加入量越多，终点的变化越明显”，这种说法是否正确？

实验三　容量仪器的校准

一、实验目的

1. 了解掌握容量仪器的校正方法。
2. 掌握滴定管、容量瓶、移液管的使用。
3. 进一步熟悉分析天平的操作。

二、实验原理

由于制作工艺的限制，滴定管、移液管、容量瓶的实际体积与所标的数值不一定完全相符。一般测定时此误差可以忽略不计，但在要求很高的分析中须对仪器进行校正。

校准的方法有相对法和称量法。在分析化学实验中，有时只要求两种容器之间有一定的比例关系，而不需要知道它们各自的准确体积，这时可用容量相对校准法。例如，用 25 mL 移液管取蒸馏水于干净且倒立晾干的 100 mL 容量瓶中，到第 4 次重复操作后，观察瓶颈处水的弯月面下缘是否刚好与刻线上缘相切，若不切，应重新作一记号为标线，以后此移液管和容量瓶配套使用时就用校准后的标线。此法简单易行，应用较多，但必须在已校准的仪器配套使用时才有意义。

称量法的原理是：用分析天平称量被较量器中量入和量出的纯水的质量 m，再根据纯水的密度 ρ 计算出被较量器的实际容量。由于玻璃的热胀冷缩，所以在不同温度下，量器的容积也不同。因此，规定使用玻璃量器的标准温度为 20℃。各种量器上表出的刻度和容量，称为在标准温度 20℃量器时的标称容量，但是，在实际校准工作中，容器中水的质量是在室温下和空气中称量的。因此必须考虑如下三方面的影响：

（1）在空气中称量时，空气浮力使质量改变；

（2）水的密度受温度的影响；

（3）玻璃容器本身容积随温度改变。

考虑了上述的影响，为方便计算，归纳总结出20℃时容量为1 L的玻璃容器，在不同温度时所盛水的质量的校正值，列于表6-5。

表6-5 20℃时容量为1 L的玻璃容器，在不同温度时所盛水的质量的校正值

T（℃）	m（g）	T（℃）	m（g）	T（℃）	m（g）
10	998.39	19	997.34	28	995.44
11	998.33	20	997.18	29	995.18
12	998.24	21	997.00	30	994.91
13	998.15	22	996.80	31	994.64
14	998.04	23	996.60	32	994.34
15	997.92	24	996.38	33	994.06
16	997.78	25	996.17	34	993.75
17	997.64	26	995.93	35	993.45
18	997.51	27	995.69	36	993.15

如某支25 mL移液管在25℃放出的纯水的质量为24.921 g；密度为0.996 17 g/mL，计算该移液管在20℃时的实际容积。

$$V_{20}=24.921/0.996\ 17=25.02\ (\text{mL})$$

则这支移液管的校正值为25.02 (mL)−25.00 (mL) = +0.02 (mL)。

三、仪器

1. 分析天平；
2. 滴定管（50 mL）；
3. 容量瓶（100 mL）；
4. 移液管（25 mL）；
5. 锥形瓶（50 mL）；
6. 温度计。

四、实验步骤

1. 容量瓶和移液管的校准（相对法）

洗净并晾干100 mL容量瓶和25 mL移液管一个，用移液管移取蒸馏水4次于容量瓶，观察液面是否恰好与容量瓶刻度线相切，如不相切，则用胶布在瓶颈上另作标记，以后实验中，此移液管和容量瓶配套使用时，应以新标记为准。

2. 滴定管的校准（称量法）

将已洗净且干燥的带磨口玻璃塞的锥形瓶放在分析天平上称量（如拿取称量瓶那样用纸

条套取），得空瓶质量 $m_{瓶}$，记录至 0.001 g 位。

再将已洗净的滴定管盛满蒸馏水，调至 0.00 mL 刻度处，从滴定管中放出一定体积（记为 V）如放出 5 mL 的蒸馏水于已称量的锥形瓶中（注意锥形瓶磨口部位不要沾到水），塞紧塞子，称出“水+瓶”的质量 $m_{水+瓶}$，两次质量之差即为放出之水的质量。用同法称量滴定管 0.00～5.00 mL、0.00～10.00 mL、0.00～15.00 mL、0.00～20.00 mL、0.00～25.00 mL 等刻度间的 $m_{水}$。将温度计插入水中测量实验水温（读数时温度计球部位应仍浸在水中）。用每次水的质量 $m_{水}$除以实验水温时水的密度，即可得到滴定管各部分的实际容量 V_{20}。

表 6-6　实验数据记录表

V_0（mL）	$m_{水+瓶}$（g）	$m_{瓶}$（g）	$m_{水}$（g）	V_{20}（mL）	ΔV（mL）
0.00～5.00					
0.00～10.00					
0.00～15.00					
0.00～20.00					
0.00～25.00					
⋮					

思考题

1. 校正滴定管时，为何锥形瓶和水的质量只需称到 0.001 g？
2. 容量瓶校准时为什么要晾干？在用容量瓶配制标准溶液时是否也要晾干？
3. 分段校正滴定管时，滴定管每次放出的蒸馏水体积是否一定要整数？应该注意什么？

实验四　氯化钠的提纯

一、实验目的

1. 掌握溶解、沉淀、过滤、蒸发、浓缩、结晶以及常压过滤、减压过滤等基本操作。
2. 了解盐类溶解度的知识在无机物提纯中的应用。
3. 了解氯化钠提纯的基本原理。

二、实验原理

粗盐中含有 Ca^{2+}、Mg^{2+}、K^{+}、SO_4^{2-} 等可溶性杂质和泥沙等不溶性杂质。泥沙等不溶性杂质可通过溶解和过滤的方法除去。

对上述 Ca^{2+}、Mg^{2+}、SO_4^{2-} 等可溶性杂质，可选择适当的沉淀剂，例如：$Ca(OH)_2$、$BaCl_2$、Na_2CO_3 等使 Mg^{2+}、Ca^{2+}、SO_4^{2-} 生成难溶物沉淀下来，达到和 NaCl 分离的目的。其反应式如下：

$$Mg^{2+} + Ca(OH)_2 = Mg(OH)_2 \downarrow + Ca^{2+}$$

$$SO_4^{2-} + BaCl_2 = BaSO_4 \downarrow + 2Cl^-$$

$$Ca^{2+} + Na_2CO_3 = CaCO_3 \downarrow + 2Na^+$$

粗盐中的K^+和这些沉淀剂不起作用，仍留在溶液中，但由于 KCl 的溶解度相当大，且含量很少，所以蒸发浓缩食盐时，NaCl 结晶析出，而 KCl 则留在溶液中，从而达到提纯的目的。

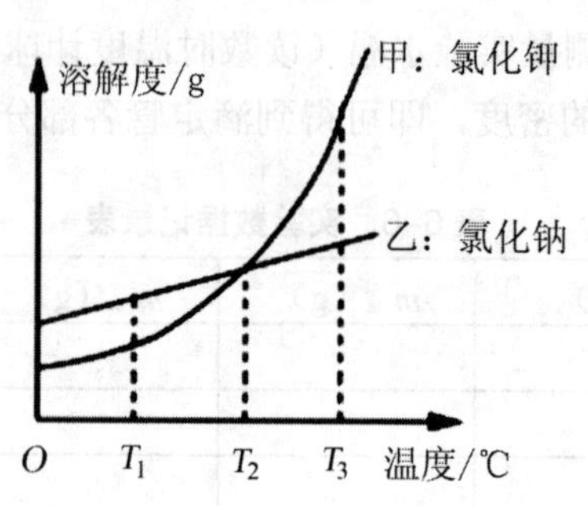

图 6–4　氯化钾（钠）的溶解曲线

三、试剂与仪器

1. 试剂

（1）粗食盐；

（2）氢氧化钙（固体，分析纯）；

（3）$BaCl_2$ 溶液（1 mol/L）；

（4）Na_2CO_3 溶液（1 mol/L）；

（5）H_2SO_4 溶液（6 mol/L）；

（6）HCl 溶液（6 mol/L）。

2. 仪器

（1）烧杯（100 mL）；

（2）布氏漏斗；

（3）吸滤瓶；

（4）蒸发皿；

（5）玻璃漏斗；

（6）研钵。

四、实验步骤

1. 在台秤上称取 3.0 g 粗盐，研细，放入 100 mL 烧杯中，加入 50 mL 蒸馏水，加热，搅拌使其溶解。加入一小匙$Ca(OH)_2$，搅拌，用布氏漏斗和吸滤瓶进行减压过滤，保留溶液，弃去沉淀。

2. 将滤液倒入 100 mL 烧杯中，加热近沸，边搅拌边滴加 2 mL 1 mol/L $BaCl_2$ 溶液，继续加热几分钟，静置。检查沉淀是否完全（用滴管吸取少量上层清液于小试管中，加几滴 6 mol/L HCl 溶液，再加入 2 滴 1 mol/L $BaCl_2$ 溶液，观察清液中是否产生浑浊。若有浑浊，则还需继续加 $BaCl_2$ 溶液，直至沉淀完全为止）。沉淀完全后，用普通漏斗过滤（常压过滤），保留溶液，弃去沉淀。

3. 将滤液倒入100 mL烧杯中，加热近沸，边搅拌边滴加3 mL 1 mol/L Na_2CO_3溶液，静置。检查沉淀是否完全（用滴管吸取少量上层清液于小试管中，加2～3滴6 mol/L H_2SO_4溶液，观察清液中是否产生浑浊。若有浑浊，则还需继续加Na_2CO_3溶液，直至沉淀完全为止）。沉淀完全后，采用布氏漏斗和吸滤瓶进行减压过滤，保留溶液，弃去沉淀。

4. 将滤液倒入蒸发皿中，在滤液中逐滴加入6 mol/L HCl溶液，中和过量的Na_2CO_3至溶液的pH值约为2～3。用小火加热，蒸发浓缩至溶液呈粘稠状（约为原体积的1/3），切不可蒸干。将浓缩液冷却至室温，采用布氏漏斗和吸滤瓶进行减压过滤。取滤纸上的细盐称其质量，计算产率。

五、实验数据及结果

粗食盐质量：3.0 g

制得结晶质量：____ g

$$产率（\%）=\frac{结晶质量（g）}{粗食盐质量（g）}\times 100$$

思考题

1. 写出除Mg^{2+}、SO_4^{2-}、Ca^{2+}和多余Ba^{2+}的化学反应方程式。
2. 加HCl除Na_2CO_3时，为何要把溶液的pH值调到2～3？调至中性行不行？

实验五　硫酸亚铁铵的制备

一、实验目的

1. 练习水浴加热、常压过滤、减压过滤和蒸发浓缩等基本操作。
2. 了解复盐的一般特征和制备。

二、实验原理

硫酸亚铁铵为浅绿色单斜晶体，在空气中比一般亚铁盐稳定，不易被氧化，溶于水，不溶于乙醇。

在0～6 ℃温度范围内，硫酸亚铁铵在水中的溶解度比组成它的每一个组分[$FeSO_4$和$(NH)_2SO_4$]的溶解度都小。因此，很容易从浓的$FeSO_4$和$(NH)_2SO_4$混合溶液中结晶出来，制得晶体的硫酸亚铁铵。

本实验是先将铁屑溶于稀H_2SO_4，制得$FeSO_4$溶液：

$$Fe + H_2SO_4 = FeSO_4 + H_2\uparrow$$

然后加入硫酸铵，制得混合溶液，加热浓缩，冷却至室温，可析出硫酸亚铁铵复盐：

$$FeSO_4 + (NH)_2SO_4 + 6H_2O = (NH)_2SO_4\cdot FeSO_4\cdot 6H_2O$$

表 6–7　硫酸铵、硫酸亚铁和硫酸亚铁铵在水中的溶解度（g/100g H_2O）

盐 \ 温度（℃）	0	10	20	30	40	50	60
$FeSO_4 \cdot 7H_2O$	15.7	20.5	26.5	32.9	40.2	48.6	—
$(NH)_2SO_4$	70.6	73.0	75.4	78.0	81.0	—	88.0
$(NH)_2SO_4 \cdot FeSO_4 \cdot 6H_2O$	12.5	17.2	—	—	33.0	40.0	—

三、试剂与仪器

1. 试剂

（1）铁屑；

（2）Na_2CO_3（10%）；

（3）H_2SO_4 溶液（3 mol/L）；

（4）H_2SO_4 溶液（1 mol/L）

（5）无水乙醇（分析纯）；

（6）$(NH)_2SO_4$（固体，分析纯）。

2. 仪器

（1）锥形瓶（100 mL）；

（2）玻璃漏斗；

（3）布氏漏斗；

（4）吸滤瓶；

（5）烧杯（400 mL）；

（6）蒸发皿。

四、实验步骤

1. 铁屑的除油处理（如果用纯净的铁屑，此步骤可省略）

台秤称取 3.0 g 铁屑放入 100 mL 锥形瓶中，加入 15 mL Na_2CO_3 溶液，微热 10 min，适当补充水，用倾析法出去碱液，用水洗至中性（用蒸馏水洗两次，每次加 20 mL），倾析法出去水，以防止在加入 H_2SO_4 后产生 Na_2SO_4 晶体，混入 $FeSO_4$ 中。

2. 硫酸亚铁的制备

向盛有铁屑的锥形瓶中加入 20 mL H_2SO_4 溶液（3 mol/L），水浴加热（经常取出锥形瓶摇动），适当补充水，以保持原体积，至反应完全（不再有气泡放出），加入 1 mL H_2SO_4 溶液（1 mol/L），常压过滤（用 100 mL 烧杯接滤液）。

3. 硫酸亚铁铵的制备

通过计算称取所需量的硫酸铵加入到上述溶液中，搅拌，转移至蒸发皿中，水浴加热，搅拌至硫酸铵全部溶解，蒸发浓缩至表面出现晶膜，冷却至室温，减压过滤。用少量无水乙醇洗涤晶体两次（每次 5 mL 乙醇），晶体转入表面皿上晾干，称其质量，计算产率。

五、实验数据及结果

铁屑质量：3.0 g

所需硫酸铵的质量：____ g

$(NH)_2SO_4 \cdot FeSO_4 \cdot 6H_2O$ 理论值：____ g

产品质量：____ g

$$产率（\%）=\frac{产品质量（g）}{理论值（g）}\times 100\%$$

思考题

1. 铁屑与 3 mol/L 硫酸反应完全后，为什么还要加入 1 mL 1 mol/L 硫酸？
2. 如何计算应加入多少硫酸铵？

实验六　硫酸铝钾的制备

一、实验目的

1. 了解复盐的制备方法和性质。
2. 认识铝和氢氧化铝的两性。
3. 掌握水浴加热、过滤等基本操作。

二、实验原理

铝屑溶于浓氢氧化钾溶液，生成可溶性的四羟基铝酸钾[$KAl(OH)_4$]：

$$2Al + 2KOH + 6H_2O = 2\ KAl(OH)_4 + 3\ H_2\uparrow$$

铝屑中的其他金属或杂质则不溶。

用硫酸溶液中和，可得到微溶于水的复盐硫酸铝钾[$KAl(SO_4)_2 \cdot 12H_2O$]，俗称明矾：

$$KAl(OH)_4 + 2\ H_2SO_4 + 8\ H_2O = KAl(SO_4)_2 \cdot 12H_2O$$

三、试剂与仪器

1. 试剂

（1）铝屑；

（2）KOH（固体，分析纯）；

（3）H_2SO_4（1:1）；

（4）无水乙醇。

2. 仪器

（1）锥形瓶（100 mL）；

（2）烧杯（100 mL）；

（3）布氏漏斗；

（4）吸滤瓶；

（5）真空泵；

（6）蒸发皿。

四、实验步骤

1. 四羟基氯酸钾的制备

称取 2.5 g KOH，置于 100 mL 锥形瓶中，加 30 mL 蒸馏水溶解。称 1.0 g 铝屑（切碎），分次加入到 KOH 溶液中，锥形瓶置于水浴上加热（反应激烈，防止溅出），待反应完全后（没有气泡冒出），趁热常压过滤（用 100 mL 烧杯接滤液）。

2. 硫酸铝钾的制备

滤液中慢慢滴加 10 mL H_2SO_4（1∶1），不断搅拌（开始反应剧烈，防止溅出），将中和后的溶液水浴微热几分钟（勿沸）至沉淀完全溶解，冷却至室温结晶，冰浴结晶，减压过滤。用 10 mL 水—乙醇（1∶1）混合液洗涤晶体两次（每次 5 mL 左右），将晶体转入表面皿干燥后称其质量，计算产率。

五、实验数据及结果

铝屑质量：1.0 g

KOH 固体的质量：2.5 g

$KAl(SO_4)_2 \cdot 12H_2O$ 理论值（由学生计算）：____ g

产品质量：____ g

$$产率（\%）=\frac{产品质量（g）}{理论值（g）}\times 100\%$$

思考题

1. 铝屑同 KOH 溶液反应时，为什么将铝屑尽量剪碎？为什么采用水浴加热而不直接用火加热？

2. 铝与 KOH 溶液反应完毕后，为什么用常压过滤，而不用减压过滤？

实验七　五水硫酸铜的制备

一、实验目的

1. 了解由金属与酸作用制备盐的方法。

2. 掌握无机制备中加热、倾析法、过滤、重结晶等基本操作。

二、实验原理

纯铜是不活泼金属，不能溶于非氧化性酸。本实验采用浓硝酸作氧化剂，以废铜屑与硫酸、浓硝酸作用来制备硫酸铜：

$$Cu + 2HNO_3 + H_2SO_4 = CuSO_4 + 2NO_2\uparrow + 2H_2O$$

溶液中除生成的硫酸铜外，还含有一定量的硝酸铜和其他一些可溶性或不溶性杂质。不溶性杂质可过滤除去，硫酸铜可利用硝酸铜与硫酸铜在水中溶解度的不同分离出来。

硝酸铜在水中的溶解度无论温度高低都比硫酸铜大很多，因此，当热溶液冷却时，硫酸铜会先析出。不加热干燥的情况下，硫酸铜会带着五个结晶水析出，$CuSO_4 \cdot 5H_2O$，五水硫酸铜俗称胆矾，它易溶于水，而难溶于乙醇，在干燥空气中可缓慢风化，将其加热至230℃，可失去全部结晶水而成为白色的无水$CuSO_4$。$CuSO_4 \cdot 5H_2O$用途广泛，是制取其他铜盐的主要原料。常用作印染工业的媒染剂、农业的杀虫剂、水的杀菌剂、木材防腐剂等。

三、试剂与仪器

1. 试剂

（1）废铜粉（或铜屑）；

（2）硫酸，3 mol/L；

（3）浓硝酸；

（4）H_2O_2溶液（30%）。

2. 仪器

（1）布氏漏斗；

（2）吸滤瓶；

（3）蒸发皿；

（4）烧杯，100 mL，250 mL；

（5）漏斗（玻璃）。

四、实验步骤

1. 铜屑前处理

称取5 g铜屑，置于干燥的蒸发皿中，灼烧至铜屑表面生成黑色的氧化铜，自然冷却（目的是在于除去附着在铜屑上的油污，若铜屑无油污此步骤可省略）。

2. 五水硫酸铜的制备

向盛有铜屑的蒸发皿中，加入20 mL 3 mol/L H_2SO_4溶液，水浴加热，温热后，分多次缓慢地加入8 mL浓硝酸（反应过程中产生大量有毒的NO_2气体，操作应在通风橱中进行）。待反应缓和后盖上表面皿，水浴加热至铜屑几乎全部溶解（加热过程中需要补加10 mL 3 mol/L H_2SO_4和2 mL浓硝酸）。趁热减压过滤，用5 mL蒸馏水分两次洗涤滤纸，将滤液转入洗净的蒸发皿中，在水浴上加热浓缩至表面有晶膜出现，冷却，减压过滤，晶体用滤纸吸干，称重。

3. 重结晶法提纯五水硫酸铜

将上一步骤制备的粗产品以每克1.2 mL水的比例溶于水中，水浴加热至完全溶解，趁热常压过滤，滤液收集于小烧杯中，让其自然冷却，即有晶体析出（如无晶体析出，可在水浴上再加热蒸发）。完全冷却后，减压过滤，晶体干燥，称量，计算产率。

五、实验数据及结果

未提纯前 $CuSO_4 \cdot 5H_2O$ 质量：____ g

提纯后 $CuSO_4 \cdot 5H_2O$ 质量：____ g

产率：____ %

思考题

1. 制备 $CuSO_4 \cdot 5H_2O$ 时，为什么要加入少量浓硝酸？为什么要缓慢分批加入而且尽量少加？
2. 计算和 5 g 铜完全反应所需 3 mol/L 硫酸和浓硝酸的理论量。
3. 列举从铜制备硫酸铜的其他方法，并加以评述。

第七章　化学物质定量分析监测实验

实验一　碱灰中总碱量的监测

一、实验目的

1. 学会用基准物标定 HCl 溶液浓度的方法。
2. 了解碱灰中总碱量监测的原理。
3. 掌握容量瓶的使用及定量转移溶液的操作。进一步练习滴定操作。

二、实验原理

HCl 标准溶液必须用近似法配制，用小量筒量取一定量的浓 HCl，倒入试剂瓶中（在通风橱中进行），用蒸馏水稀释至所需体积，盖上玻璃塞，摇匀。然后用基准物来标定。

标定 HCl 的基准物有无水 Na_2CO_3、硼砂（$Na_2B_4O_7 \cdot 10H_2O$），本实验用无水 Na_2CO_3 来标定 HCl。用甲基橙为指示剂，标定 HCl 溶液的浓度。

无水 Na_2CO_3 在使用前需要在 270～300℃的高温炉内灼烧 1 h，然后放入干燥器中，冷却至室温备用。

碱灰为不纯的 Na_2CO_3，其中可能含有 NaOH、$NaHCO_3$ 以及不与 HCl 反应的 NaCl、Na_2SO_4 等。

碱灰中若含有 NaOH，则滴定过程为：

$$Na_2CO_3 + NaOH$$

↓HCl 标准溶液滴定　　甲基橙指示剂

$$NaCl + CO_2 + H_2O$$

碱灰中若含有 $NaHCO_3$，则滴定过程为：

$$Na_2CO_3 + NaHCO_3$$

↓HCl 标准溶液滴定　　甲基橙指示剂

$$NaCl + CO_2 + H_2O$$

用 HCl 滴定时，除主要成分 Na_2CO_3 被滴定外，其中夹杂的杂质 NaOH 或 $NaHCO_3$ 也能被滴定，因此这一滴定称为总碱量的测定。其结果用 Na_2O%或 Na_2CO_3%来表示。

选用甲基橙为指示剂，化学计量点的 pH 值为 3.8～3.9，终点时溶液由黄色变为橙色。

三、试剂与仪器

1. 试剂

（1）浓 HCl（约 12 mol/L，分析纯）；

（2）无水 Na_2CO_3（基准试剂，270～300℃的高温炉内灼烧 1 h，然后放入干燥器中，冷却至室温备用；

（3）甲基橙指示剂（0.2%水溶液）；

（4）碱灰试样。

2. 仪器

（1）酸式滴定管（50 mL）；

（2）锥形瓶（250 mL）；

（3）试剂瓶（500 mL）；

（4）容量瓶（250 mL）；

（5）称量瓶。

四、实验步骤

1. 配制 500 mL 0.1 mol/L HCl 溶液

用小量筒量取 4.2 mL 浓 HCl，倒入试剂瓶中（在通风橱中进行），用蒸馏水稀释至 500 mL，盖上玻璃塞，摇匀。

2. 0.1 mol/L HCl 溶液的标定

用减量法准确称取无水 Na_2CO_3 0.15～0.20 g 3 份（称量速度要快、称量瓶盖要盖严），分别放于 250 mL 锥形瓶中，加 20～30 mL 水溶解，加入 1～2 滴甲基橙指示剂，用 0.1 mol/L HCl 溶液滴定至溶液由黄色变为橙色为终点。记录滴定时消耗 HCl 溶液的体积。根据 Na_2CO_3 基准物质的质量，计算 HCl 溶液的浓度和相对平均偏差。

3. 总碱量的测定

用减量法准确称取经 150℃下烘干 1 h 并在干燥器中冷却至室温的碱灰试样 1.5～2.0 1 份（称量速度要快、称量瓶盖要盖严），于小烧杯中，加 50～60 mL 水溶解，将试液定量转入 250 mL 容量瓶中，用水冲洗烧杯内壁 2～3 次（每次 10 mL 左右，用洗瓶沿烧杯内壁自上而下螺旋式冲洗），一并转入容量瓶中，用水稀释至刻度，摇匀。

用移液管准确移取 25.00 mL 试液（3 份）于 250 mL 锥形瓶中，加水 20～30 mL，加 1～2 滴甲基橙指示剂，用 0.1 mol/L HCl 标准溶液（或已标定浓度的 HCl 溶液）滴定至溶液由黄色变为橙色为终点，记录消耗 HCl 标准溶液的体积，计算 Na_2O%和相对平均偏差。

五、实验数据及结果

表 7-1　HCl 溶液的标定

记录项目＼滴定序号		I	II	III
无水 Na_2CO_3+称量瓶质量（g）	第一次			
	第二次			
无水 Na_2CO_3 质量（g）				
V_{HCl}（终，mL）				
V_{HCl}（初，mL）				
V_{HCl}（mL）				
c_{HCl}（mol/L）				
c_{HCl}（mol/L，平均值）				
相对平均偏差（%）				

表 7-2　总碱量的测定

碱灰＋称量瓶质量（g）	第一次			
	第二次			
碱灰质量（g）				
记录项目＼滴定序号		I	II	III
$V_{碱灰试液}$（mL）		25.00	25.00	25.00
V_{HCl}（终，mL）				
V_{HCl}（初，mL）				
V_{HCl}（mL）				
Na_2O%				
Na_2O（%，平均值）				
相对平均偏差（%）				

思考题

1. 基准物无水 Na_2CO_3 如果保存不当，吸收了少量水分，对标定 HCl 溶液浓度有何影响？碱灰样品吸收了少量水分，对测定结果有何影响？

2. 分别称取基准物标定和称取较多的基准物配成溶液后再分取几份做标定，各有什么优缺点？

3. 碱灰中总碱量的测定为什么用甲基橙为指示剂？

实验二　混合碱中各组分含量的监测（双指示剂法）

一、实验目的

1. 了解酸碱滴定法的应用。
2. 掌握双指示剂法测定混合碱的原理、方法和结果的计算。

二、实验原理

混合碱是指 Na_2CO_3 与 NaOH 或 Na_2CO_3 与 $NaHCO_3$ 的混合物。欲测定同一份试样中各组分的含量，可用 HCl 标准溶液滴定，用酚酞和甲基橙指示剂分别指示第一、第二化学计量点的到达。根据到达两个化学计量点时消耗的 HCl 标准溶液的体积，便可判断试样组成及计算各组分含量。

在混合碱试液中加入酚酞指示剂，此时溶液为红色，用 HCl 标准溶液滴定至溶液由红色恰好变为无色时，此时试液中所含 NaOH 完全被中和，Na_2CO_3 则被中和到 $NaHCO_3$，若溶液中含 $NaHCO_3$，则未被滴定，反应如下：

$$NaOH + HCl = NaCl + H_2O$$

$$Na_2CO_3 + HCl = NaCl + NaHCO_3$$

设消耗 HCl 标准溶液的体积为 V_1 mL。再加入甲基橙指示剂，继续用 HCl 标准溶液滴定至溶液由黄色变为橙色为终点，此时试液中的 $NaHCO_3$（或是 Na_2CO_3，第一步被中和生成的，或是试样中含有的）被中和成 CO_2 和 H_2O，反应如下：

$$NaHCO_3 + HCl = NaCl + H_2O + CO_2\uparrow$$

设此时消耗 HCl 标准溶液的体积为 V_2 mL。根据 V_1 和 V_2 可以判断出混合碱的组成。

当 $V_1 > V_2$ 时，试样为 NaOH 和 $NaHCO_3$ 混合物，设混合碱的质量为 m，NaOH 和 $NaHCO_3$ 的含量由下式计算：

$$w(\text{NaOH}) = \frac{(V_2 - V_1)\times c(\text{HCl})\times M(\text{NaOH})}{m\times 1\,000}$$

$$w(\text{Na}_2\text{CO}_3) = \frac{2V_2 \times c(\text{HCl})\times M(\text{Na}_2\text{CO}_3)}{2m\times 1\,000}$$

当 $V_1 < V_2$ 时，试样为 Na_2CO_3 和 $NaHCO_3$ 的混合物，Na_2CO_3 和 $NaHCO_3$ 的含量由下式计算：

$$w(\text{NaHCO}_3) = \frac{(V_2 - V_1)\times c(\text{HCl})\times M(\text{NaHCO}_3)}{m\times 1\,000}$$

$$w(\text{Na}_2\text{CO}_3) = \frac{2V_2 \times c(\text{HCl})\times M(\text{Na}_2\text{CO}_3)}{2m\times 1\,000}$$

三、试剂与仪器

1. 试剂

（1）浓 HCl（约 12 mol/L，分析纯）；

（2）无水 Na_2CO_3（基准试剂，270～300℃的高温炉内灼烧 1 h，然后放入干燥器中，冷却至室温备用）；

（3）酚酞指示剂（0.2%乙醇溶液）；

（4）甲基橙指示剂（0.2%水溶液）；

（5）试样。

2. 仪器

（1）酸式滴定管（50 mL）；

（2）锥形瓶（250 mL）；

（3）试剂瓶（500 mL）；

（4）容量瓶（250 mL）。

四、实验步骤

1. 0.1 mol/L HCl 标准溶液的配制与标定

（1）配制 500 mL 0.1 mol/L HCl 溶液

用小量筒量取 4.2 mL 浓 HCl，倒入试剂瓶中（在通风橱中进行），用蒸馏水稀释至 500 mL，盖上玻璃塞，摇匀。

（2）HCl 溶液的标定

用减量法准确称取无水 Na_2CO_3 0.15～0.20 g 3 份（称量速度要快、称量瓶盖要盖严），分别放于 250 mL 锥形瓶中，加 20～30 mL 水溶解，加入 1～2 滴甲基橙指示剂，用 0.1 mol/L HCl 溶液滴定至溶液由黄色变为橙色为终点。记录滴定时消耗 HCl 溶液的体积。根据 Na_2CO_3 基准物质的质量，计算 HCl 溶液的浓度和相对平均偏差（%）。

2. 混合碱的分析

用减量法准确称取 0.8～1.0 g 经 150℃下烘干 1 h 并在干燥器中冷却至室温的混合碱试样一份，于小烧杯中，加 40～50 mL 水溶解，将溶液定量转入到 100 mL 容量瓶中，用水冲洗小烧杯 2～3 次，一并转入容量瓶中，用水稀释至刻度，摇匀。

用移液管准确移取 25.00 mL 试液（3 份）于 250 mL 锥形瓶中，加 20～30 mL 水，1～2 滴酚酞指示剂，用标定好的 HCl 标准溶液滴定至溶液恰好由红色褪至无色为终点，记下消耗 HCl 标准溶液的体积 V_1。再加入 1～2 滴甲基橙指示剂，继续用 HCl 标准溶液滴定至溶液由黄色变为橙色为终点，又消耗的 HCl 标准溶液体积记为 V_2。根据 V_1、V_2 的大小判断混合物的组成，计算各组分的含量。

五、实验数据及结果

表 7–3　0.1 mol/L HCl 溶液的标定

记录项目 \ 滴定序号		I	II	III
无水 Na_2CO_3+称量瓶质量（g）	第一次			
	第二次			
无水 Na_2CO_3 质量（g）				
V_{HCl}（终，mL）				
V_{HCl}（初，mL）				
V_{HCl}（mL）				
c_{HCl}（mol/L）				
c_{HCl}（mol/L，平均值）				
相对平均偏差（%）				

表 7–4　混合碱的测定

混合碱+称量瓶质量（g）	第一次			
	第二次			
混合碱质量（g）				
记录项目 \ 滴定序号		I	II	III
$V_{混合碱试液}$（mL）		25.00	25.00	25.00
V_1（HCl，终，mL）				
V_1（HCl，初，mL）				
V_1（HCl，mL）				
V_2（HCl，终，mL）				
V_2（HCl，初，mL）				
V_2（HCl，mL）				
NaOH（%）				
NaOH（%，平均值）				
相对平均偏差（%）				
Na_2CO_3（%）				
Na_2CO_3（%，平均值）				
相对平均偏差（%）				
$NaHCO_3$（%）				
$NaHCO_3$（%，平均值）				
相对平均偏差（%）				

思考题

1. 双指示法测定混合碱，在同一份溶液中测定，判断下列 5 种情况时试样的组成：

① $V_1=0$　② $V_2=0$　③ $V_1>V_2$　④ $V_1<V_2$　⑤ $V_1=V_2$

2. 测定混合碱时，酚酞褪色前，如果滴定速度过快，摇动不充分，对测定结果有何影响？为什么？

实验三　有机酸摩尔质量的监测

一、实验目的

1. 掌握用基准物标定 NaOH 的方法。
2. 了解有机酸摩尔质量的监测原理和方法。

二、实验原理

绝大多数有机酸为弱酸，它们与 NaOH 溶液反应为：

$$H_nA + nNaOH = Na_nA + nH_2O$$

当有机酸的各级离解常数与浓度的乘积大于 10^{-8} 时，有机酸中的氢均能被准确滴定。用酸碱滴定法，可以测得有机酸的摩尔质量。测定时，n 值须已知。由于滴定产物是强碱弱酸盐，滴定突跃在碱性范围内，因此选取酚酞作指示剂。

物质的摩尔质量可以根据滴定反应从理论上进行计算。本实验要求通过实验的方法准确测定一种已知有机酸的摩尔质量，并与理论值进行比较。

NaOH 不符合基准物的条件，必须用近似法配制，然后用基准物标定。标定 NaOH 的基准物有邻苯二甲酸氢钾、草酸。本实验用邻苯二甲酸氢钾为基准物标定，反应式为：

$$OH^- + HC_8H_4O_4^- = C_8H_4O_4^{2-} + H_2O$$

以酚酞为指示剂，溶液由无色滴定至微红为终点。

三、试剂与仪器

1. 试剂

（1）NaOH 饱和溶液（约 40%～50%，15～18 mol/L）；

（2）邻苯二甲酸氢钾（基准试剂，在 110～120℃温度下干燥 1～2 h 后，放入干燥器中备用）；

（3）酚酞指示剂（0.2%乙醇溶液）；

（4）有机酸试样（如：酒石酸、柠檬酸、草酸等）。

2. 仪器

（1）碱式滴定管（50 mL）；

（2）锥形瓶（250 mL）；

（3）容量瓶（100 mL）；

（4）烧杯（100 mL）。

四、实验步骤

1. 0.1 mol/L NaOH 溶液的配制与标定

（1）配制：用小量筒量取 3.5 mL NaOH 饱和溶液，倒入试剂瓶中，用蒸馏水稀释至 500 mL，盖上橡皮塞，摇匀。

（2）标定：减量法准确称取邻苯二甲酸氢钾 0.4～0.6 g 3 份，分别置于 250 mL 锥形瓶中，加 40～50 mL 水溶解，加 1～2 滴酚酞指示剂，用 NaOH 标准溶液滴定到微红色（保持 30 s 不褪色），计算 NaOH 溶液的浓度和相对平均偏差（%，要求小于等于 0.20%）。

2. 有机酸摩尔质量的测定

减量法准确称取有机酸试样 1.2～1.7 g 1 份，于烧杯中，加 60～70 mL H_2O 溶解，将试液定量转入 250 mL 容量瓶中，用 H_2O 冲洗烧杯内壁 2～3 次，一并转入容量瓶中（每次约 10 mL H_2O），用 H_2O 稀释至刻度，摇匀。

用移液管平行移取试液 25.00 mL 3 份，分别放入 250 mL 锥形瓶中，各加 1～2 滴酚酞指示剂，用 NaOH 标准溶液[c(NaOH)＝0.1mol/L]滴定至微红色（保持 30 s 不褪色）为终点，计算有机酸的摩尔质量和相对平均偏差。

五、实验数据及结果

表 7–5　0.1 mol/L NaOH 溶液的标定

记录项目 ＼ 滴定序号		I	II	III
邻苯二甲酸氢钾+称量瓶质量（g）	第一次			
	第二次			
邻苯二甲酸氢钾质量（g）				
V_{NaOH}（终，mL）				
V_{NaOH}（初，mL）				
V_{NaOH}（mL）				
c_{NaOH}（mol/L）				
c_{NaOH}（mol/L，平均值）				
相对平均偏差（%）				

表 7–6　有机酸摩尔质量的测定

有机酸＋称量瓶质量（g）	第一次			
	第二次			
有机酸质量（g）				
记录项目 ＼ 滴定序号		I	II	III
$V_{有机酸试液}$（mL）		25.00	25.00	25.00
V_{NaOH}（终，mL）				
V_{NaOH}（初，mL）				

续表

记录项目 \ 滴定序号	I	II	III
V_{NaOH}（mL）			
有机酸摩尔质量（g/mol）			
有机酸摩尔质量（g/mol，平均值）			
相对平均偏差（%）			

思考题

1. 如果 NaOH 标准溶液在保存过程中吸收了空气中的 CO_2，对有机酸摩尔质量的测定结果有何影响？

2. 草酸、酒石酸、柠檬酸等多元有机酸能否用 NaOH 溶液分步滴定？

实验四　铵盐中氮含量的监测（甲醛法）

一、实验目的

1. 掌握甲醛法测定铵盐中氮含量的测定原理。

2. 学会用酸碱滴定法间接测定氮肥中的含氮量。

二、实验原理

铵盐是一类常用的无机化肥，由于 NH_3 的 $K_b=1.8\times10^{-5}$，而它的共轭酸 NH_4^+ 的 $K_{NH_4^+}=5.6\times10^{-10}$，所以铵盐中的氮含量不能用 NaOH 标准溶液直接滴定。但可用间接法进行测定。

铵盐的测定常用甲醛法。其原理是：

NH_4^+ 与 HCHO 作用定量地生成质子化的六次甲基四胺盐和 H^+：

$$4NH_4^+ + 6HCHO = (CH_2)_6N_4H^+ + 3H^+ + 6H_2O$$

生成的 $(CH_2)_6N_4H^+$（$K_a=7.1\times10^{-6}$）和 H^+，可用 NaOH 标准溶液直接滴定。滴定终点生成 $(CH_2)_6N_4$，是弱碱，突越范围在碱性区域，故应用酚酞为指示剂，溶液呈微红色为终点。

甲醛法准确度差，但方法快速，广泛应用于生产实践。也可以用于测定有机化合物中的氮。但测定前需将样品预处理，使其转化为铵盐后再进行测定。

三、试剂与仪器

1. 试剂

（1）饱和 NaOH 溶液（40%～50%，约 15～18 mol/L）；

（2）甲醛（HCHO，分析纯）；

（3）20%的中性甲醛：20%甲醛中加 1～2 滴酚酞指示剂，用 NaOH 标准溶液（$c_{NaOH}=0.1$ mol/L）滴定到微红色；

（4）铵盐样品（如：氯化铵，硫酸铵，硝酸铵）；

（5）酚酞（0.2%乙醇溶液）；

（6）邻苯二甲酸氢钾（分析纯，在105～110℃烘箱中烘1～2 h，置于干燥器中，保存）。

2. 仪器

（1）碱式滴定管（50 mL）；

（2）锥形瓶（250 mL）；

（3）容量瓶（250 mL）。

四、实验步骤

1. 0.1 mol/L NaOH溶液的配制与标定

（1）配制：用小量筒量取3.5 mL NaOH饱和溶液，倒入试剂瓶中，用蒸馏水稀释至500 mL，盖上橡皮塞，摇匀。

（2）标定：减量法准确称取邻苯二甲酸氢钾0.4～0.6 g 3份，分别置于250 mL锥形瓶中，加40～50 mL H_2O，溶解，加1～2滴酚酞指示剂，用NaOH标准溶液[c(NaOH)＝0.1 mol/L]滴定到微红色（保持30 s不褪色）为终点。计算NaOH溶液的浓度和相对平均偏差（%，要求小于等于0.20%）。

2. 铵盐中氮含量的测定

减量法准确称取铵盐试样0.15～0.18 g 3份，分别置于250 mL锥形瓶中，加40～50 mL H_2O溶解，加入10 mL 20%的中性甲醛溶液，充分摇匀后，静置1 min，使反应完全，加1～2滴酚酞指示剂，用NaOH标准溶液[c(NaOH)＝0.1 mol/L]滴定至微红色（保持30 s不褪色）为终点。计算铵盐中氮的含量和相对平均偏差（%）。

五、实验数据及结果

表7–7　NaOH溶液的标定

记录项目 \ 滴定序号		I	II	III
邻苯二甲酸氢钾＋称量瓶质量（g）	第一次			
	第二次			
邻苯二甲酸氢钾质量（g）				
V_{NaOH}（终，mL）				
V_{NaOH}（初，mL）				
V_{NaOH}（mL）				
c_{NaOH}（mol/L）				
c_{NaOH}（mol/L，平均值）				
相对平均偏差（%）				

表 7–8　铵盐中氮含量的测定

记录项目＼滴定序号		I	II	III
样品+称量瓶质量（g）	第一次			
	第二次			
样品质量（g）				
V_{NaOH}（终，mL）				
V_{NaOH}（初，mL）				
V_{NaOH}（mL）				
N（%）				
N（%，平均值）				
相对平均偏差（%）				

思考题

1. 本实验为什么用酚酞作指示剂？能否用甲基橙指示剂？
2. $(NH_4)_2SO_4$ 能否用标准 NaOH 直接滴定？
3. 本法加入甲醛的作用是什么？

实验五　凯氏定氮法对氮含量的监测

一、实验目的

掌握凯氏定氮法测氮含量的方法。

二、实验原理

凯氏定氮法首先将含氮有机物与浓硫酸共热，经一系列的分解、碳化和氧化还原反应等复杂过程，最后有机氮转变为无机氮硫酸铵，这一过程称为有机物的消化。为了加速和完全有机物质的分解，缩短消化时间，在消化时通常加入硫酸钾、硫酸铜、氧化汞、过氧化氢等试剂，加入硫酸钾可以提高消化液的沸点而加快有机物分解，除硫酸钾外，也可以加入硫酸钠、氯化钾等盐类类提高沸点，但效果不如硫酸钾。硫酸铜起催化剂的作用。凯氏定氮法中可用的催化剂种类很多，除硫酸铜外，还有氧化汞、汞、硒粉、钼酸钠等，但考虑到效果、价格及环境污染等多种因素，应用最广泛的是硫酸铜。使用时常加入少量过氧化氢、次氯酸钾等作为氧化剂以加速有机物氧化。消化完成后，将消化液转入凯氏定氮仪反应室，加入过量的浓氢氧化钠，将 NH_4^+转变成 NH_3，通过蒸馏把 NH_3 驱入过量的硼酸溶液接受瓶内，硼酸接受氨后，形成四硼酸铵，然后用标准盐酸滴定，直到硼酸溶液恢复原来的氢离子浓度。滴定消耗的标准盐酸摩尔数即为 NH_3 的摩尔数，通过计算即可得出总氮量。在滴定过程中，滴定终点采用甲基红—次甲基蓝混合指示剂颜色变化来判定。测定出的含氮量是样品的总氮量，其中包括有机氮和无机氮。

有机物中的氮在强热和 $CuSO_4$，浓 H_2SO_4 作用下，消化生成 $(NH_4)_2SO_4$ 反应式为：

$$H_2SO_4 = SO_2 + H_2O + [O]$$

$$RNHCOOH+[O] = RCO \cdot COOH + NH_3$$

$$RCOCOOH + [O] = nCO_2 + mH_2O$$

$$2NH_3 + H_2SO_4 = (NH_4)_2SO_4$$

在凯氏定氮器中与碱作用，通过蒸馏释放出 NH_3，收集于 H_3BO_3 溶液中反应式为：

$$2\ NH_4 + OH^- = NH_3 + H_2O$$

$$NH_3 + H_3BO_3 = NH_4^+ + H_2BO_3^-$$

再用已知浓度的 HCI 标准溶液滴定，根据 HCI 消耗的量计算出氮的含量，然后乘以相应的换算因子，既得蛋白质的含量。反应式为：

$$H_2BO_3^- + H^+ = H_3BO_3$$

蛋白是一类复杂的含氮化合物，每种蛋白质都有其恒定的含氮量[约在 14%～18%，平均为 16%（质量分数）]。凯氏定氮法测定出的含氮量，再乘以系数 6.25，即为蛋白质含量。

三、仪器

1. 安全管；
2. 导管；
3. 汽水分离管；
4. 样品入口；
5. 塞子；
6. 冷凝管；
7. 吸收瓶；
8. 隔热液套；
9. 反应管；
10. 蒸汽发生瓶。

四、实验步骤

1. 消化

（1）准备 6 个凯氏烧瓶，标号。1、2、3 号烧瓶中分别加入适当浓度的蛋白溶液 1.0 mL，样品要加到烧瓶底部，切勿沾在瓶口及瓶颈上。再依次加入硫酸钾—硫酸铜接触剂 0.3 g，浓硫酸 2.0 mL，30%过氧化氢 1.0 mL。4、5、6 号烧瓶作为空白对照，用以测定试剂中可能含有的微量含氮物质，对样品测定进行校正。4、5、6 号烧瓶中加入蒸馏水 1.0 mL 代替样液，其余所加试剂与 1、2、3 号烧瓶相同。

（2）将加好试剂的各烧瓶放置消化架上，接好抽气装置。先用微火加热煮沸，此时烧瓶内物质炭化变黑，并产生大量泡沫，务必注意防止气泡冲出管口。待泡沫消失停止产生后，加大火力，保持瓶内液体微沸，至溶液澄清后，再继续加热使消化液微沸 15 min。在消化过程中要随时转动烧瓶，以使内壁粘着物质均能流 入底部，以保证样品完全消化。消化时放出的气体内含 SO_2，具有强烈刺激性，因此自始自终应打开抽水泵将气体抽入自来水排出。整个消化过程均应在通风橱中进行。消化完全后，关闭火焰，使烧瓶冷却至室温。

2. 蒸馏和吸收

蒸馏和吸收是在微量凯氏定氮仪内进行的。凯氏定氮蒸馏装置种类甚多，大体上都由蒸气发生、氨的蒸馏和氨的吸收三部分组成。

（1）仪器的洗涤

仪器安装前，各部件需经一般方法洗涤干净，所用橡皮管、塞须浸在10%NaOH溶液中，煮约10 min，水洗、水煮10 min，再水洗数次，然后安装并固定在一只铁架台上。仪器使用前，微量全部管道都须经水蒸气洗涤，以除去管道内可能残留的氨，正在使用的仪器，每次测样前，蒸气洗涤5 min即可。较长时间未使用的仪器，重复蒸气洗涤，不得少于3次，并检查仪器是否正常。仔细检查各个连接处，保证不漏气。

首先在蒸气发生器中加约2/3体积蒸馏水，加入数滴硫酸使其保持酸性，以避免水中的氨被蒸出而影响结果，并放入少许沸石（或毛细管等），以防爆沸。沿小玻杯壁加入蒸馏水约20 mL让水经插管流入反应室，但玻杯内的水不要放光，塞上棒状玻塞，保持水封，防止漏气。蒸气发生后，立即关闭废液排放管上的开关，使蒸气只能进入反应室，导致反应室内的水迅速沸腾，蒸出蒸气由反应室上端口通过定氮球进入冷凝管冷却，在冷凝管下端放置一个锥形瓶接收冷凝水。从定氮球发烫开始计时，连续蒸煮5 min，然后移开煤气灯。冲洗完毕，夹紧蒸气发生器与收集器之间的连接橡胶管，由于气体冷却压力降低，反应室内废液自动抽到反应室外壳中，打开废液排出口夹子放出废液。如此清洗2～3次，再在冷凝管下换放一个盛有硼酸—指示剂混合液的锥形瓶使冷凝管下口完全浸没在溶液中，蒸馏1～2 min，观察锥形瓶内的溶液是否变色。如不变色，表示蒸馏装置内部已洗干净。移去锥形瓶，再蒸馏1～2 min，用蒸馏水冲洗冷凝器下口，关闭煤气灯，仪器即可供测样品使用。

（2）无机氮标准样品的蒸馏吸收

由于定氮操作繁琐，为了熟悉蒸馏和滴定的操作技术，初学者宜先用无机氮标准样品进行反复练习，再进行未知样品的测定。常用已知浓度的标准硫酸铵测试三次。取洁净的100 mL锥形瓶五只，依次加入2%硼酸溶液20 mL，次甲基蓝—甲基红混合指示剂（呈紫红色）3～4滴，盖好瓶口待用。取其中一只锥形瓶承接在冷凝管下端，并使冷凝管的出口浸没在溶液中。注意：在此操作之前必须先打开收集器活塞，以免锥形瓶内液体倒吸。准确吸取2 mL硫酸铵标准液加到玻杯中，小心提起棒状玻塞使硫酸铵溶液慢慢流入蒸馏瓶中，用少量蒸馏水冲洗小玻杯3次，一并放人蒸馏瓶中。然后用量筒向小玻杯中加入10 mL 30%NaOH溶液，使碱液慢慢流入蒸馏瓶中，在碱液尚未完全流入时，将棒状玻塞盖紧。向小玻杯中加约5 mL蒸馏水，再慢慢打开玻塞，使一半水流入蒸馏瓶，一半留在小玻杯中作水封。关闭收集器活塞，加热蒸气发生器，进行蒸馏。锥形瓶中的硼酸—指示剂混合液由于吸收了氨，由紫红色变成绿色。自变色时起，再蒸馏3～5 min，移动锥形瓶使瓶内液面离开冷凝管下口约1 cm，并用少量蒸馏水冲洗冷凝管下口，再继续蒸馏1 min，移开锥形瓶，盖好，准备滴定。

在一次蒸馏完毕后，移去煤气灯，夹紧蒸气发生器与收集器间的橡胶管，排除反应完毕的废液，用水冲洗小玻杯几次，并将废液排除。如此反复冲洗干净后，即可进行下一个样品的蒸馏。按以上方法用标准硫酸铵再做两次。另取2 mL蒸馏水代替标准硫酸铵进行空白测定2次。将各次蒸馏的锥形瓶一起滴定。

（3）未知样品及空白的蒸馏吸收

将消化好的蛋白样品 3 支，空白对照液 3 支，依次作蒸馏吸收。加 5 mL 热的蒸馏水至消化好的样品或空白对照液中，通过小玻杯加到反应室中，再用热蒸馏水洗涤小玻杯 3 次，每次用水量约 3 mL，洗涤液一并倒入反应室内。其余操作按标准硫酸铵的蒸馏进行。

由于消化液内硫酸钾浓度高而呈黏稠状，不易从凯氏烧瓶内倒出，必须加入热蒸馏水 5 mL 稀释之，如果有结晶析出，必须微热溶解，趁热加入玻杯，使其流入反应室。此外，还应当注意趁仪器洗涤尚未完全冷却时立即加入样品或空白对照液，否则消化液通过冷却的管道容易析出结晶，造成堵塞。

3. 滴定

样品和空白蒸馏完毕后，一起进行滴定。打开接收瓶盖，用酸式微量滴定管以 0.010 0 mol/L 的标准盐酸溶液进行滴定。待滴至瓶内溶液呈暗灰色时，用蒸馏水将锥形瓶内壁四周淋洗一次。若振摇后复现绿色，应再小心滴入标准盐酸溶液半滴，振摇观察瓶内溶液颜色变化，暗灰色在一二分钟内不变，当视为到达滴定终点。若呈粉红色，表明已超越滴定终点，可在已滴定耗用的标准盐酸溶液用量中减去 0.02 mL，每组样品的定氮终点颜色必须完全一致。空白对照液接受瓶内的溶液颜色不变或略有变化尚未出现绿色，可以不滴定。记录每次滴定耗用标准盐酸溶液毫升数，供计算用。

五、结果与计算

运用下列公式计算出每次无机氮标准样品和未知样品的总含氮量。

$$\text{总含氮量}=(V_1-V_2)\times c\times 10^{-3}\times 14.00/m$$

式中：V_1——滴定样品消耗的盐酸量，mL；

V_2——滴定空白消耗的盐酸量，mL；

c——盐酸标准液浓度，mol/L；

m——样品质量，g；

14.00——每摩尔氮原子质量，g/mol。

3 次样品测定的含氮量相对误差应小于±2%。

$$\text{样品粗蛋白含量}=\text{总含氮量}\times 6.25$$

6.25 为含氮量换算为蛋白质含量的系数。这个系数来自蛋白质平均含氮量为 16%，实际上各种蛋白质因氨基酸组成不同，含氮量不完全相同。乳类为 6.38，大米为 5.95，花生为 5.46，等等。

实验六　氯化物中氯的监测（莫尔法）

一、实验目的

1. 掌握沉淀滴定法的原理及基本操作；
2. 掌握 $AgNO_3$ 标准溶液的配制及标定；
3. 掌握莫尔法中指示剂的用量。

二、实验原理

莫尔法是在中性或弱碱性介质（pH=6.5～10.5）中，以 K_2CrO_4 为指示剂，用 $AgNO_3$ 标准溶液直接滴定 Cl^-。由于 AgCl 的溶解度小于 Ag_2CrO_4 的溶解度，所以，在滴定过程中 AgCl 先沉淀出来，当 AgCl 定量沉淀后，微过量的 Ag^+ 与 CrO_4^{2-} 生成砖红色的 Ag_2CrO_4 沉淀，指示滴定终点到达。反应如下：

$$Ag^+ + Cl^- = AgCl\downarrow \text{（白色）} \qquad K_{sp}=1.8\times10^{-10}$$

$$2Ag + CrO_4^{2-} = Ag_2CrO_4\downarrow \text{（砖红色）} \qquad K_{sp}=2.8\times10^{-12}$$

指示剂的用量对滴定有影响，一般 K_2CrO_4 浓度以 5×10^{-3} mol/L 为宜。

莫尔法的干扰比较严重。凡是能与 Ag^+ 生成难溶化合物或络合物的阴离子，如 PO_4^{3-}、AsO_4^{3-}、AsO_3^{3-}、S^{2-}、SO_3^{2-}、CO_3^{2-}、$C_2O_4^{2-}$ 等均干扰测定，其中 H_2S 可加热煮沸除去，SO_3^{2-} 可用氧化成的 SO_4^{2-} 的方法消除干扰。大量的 Cu^{2+}、Ni^{2+}、Co^{2+} 等有色离子影响终点观察。凡是能与指示剂 K_2CrO_4 生成难溶化合物的阳离子也干扰测定，如 Ba^{2+}、Pb^{2+} 等。Ba^{2+} 的干扰可加过量 Na_2SO_4 消除。Al^{3+}、Fe^{3+}、Bi^{3+}、Sn^{4+} 等高价金属离子在中性或弱碱性溶液中易水解产生沉淀，会干扰测定。

生活饮用水、工业用水、环境水质检测及一些药品、食品中氯的测定都使用莫尔法。

三、试剂与仪器

1. 试剂

（1）NaCl（基准试剂，分析纯）；

（2）$AgNO_3$（固体试剂，分析纯）；

（3）5% K_2CrO_4 水溶液。

2. 仪器

（1）容量瓶（250 mL）；

（2）棕色试剂瓶（500 mL）；

（3）称量瓶；

（4）锥形瓶（250 mL）；

（5）滴定管（酸式，50 mL）；

（6）烧杯（100 mL，250 mL）；

（7）移液管（25 mL）。

四、实验步骤

1. 0.1mol/L $AgNO_3$ 标准溶液的配置与标定

（1）配制：用台秤称 8.5 g $AgNO_3$ 于 250 mL 烧杯中，用适量不含 Cl^- 的蒸馏水溶解后，将溶液转入棕色试剂瓶中，用水稀释至 500 mL，摇匀，在暗处避光保存。

（2）标定：用减量法准确称取 1.4～1.5 g 基准 NaCl 于 100 mL 烧杯中，用蒸馏水（不含 Cl^-）溶解，溶液定量转入 250 mL 容量瓶中，用水冲洗烧杯内壁数次，一并转入容量瓶中，用水稀释至刻度，摇匀。准确移取 25.00 mL NaCl 标准溶液 3 份分别放于 250 mL 锥形瓶中，加水 25 mL，加 1 mL 5% K_2CrO_4 水溶液，在不断摇动下，用 $AgNO_3$ 滴定至溶液由黄色变为淡红色混浊即为终点，根据 NaCl 标准溶液的浓度和 $AgNO_3$ 溶液的体积，计算 $AgNO_3$ 溶液的浓度及相对平均偏差。

2. 样品分析

用减量法准确称取氯化物试样 1.8～2.0 g 于小烧杯中，用蒸馏水（不含 Cl^-）溶解，溶液定量转入 250 mL 容量瓶中，用水冲洗烧杯内壁数次，一并转入容量瓶中，用水稀释至刻度，摇匀。准确移取 25.00 mL 试样 3 份分别放于 250 mL 锥形瓶中，加水 25 mL，加 1 mL 5% K_2CrO_4 水溶液，在不断摇动下，用 $AgNO_3$ 滴定至溶液由黄色变为淡红色混浊即为终点，计算 Cl^- 含量及相对平均偏差。

五、实验数据及结果

表 7–9　$AgNO_3$ 标准溶液的标定

NaCl＋称量瓶质量（g）	第一次			
	第二次			
NaCl 质量（g）				
c_{NaCl}（mol/L）				
记录项目 ＼ 滴定序号		I	II	III
V_{NaCl}（mL）		25.00	25.00	25.00
V_{AgNO_3}（终，mL）				
V_{AgNO_3}（初，mL）				
V_{AgNO_3}（mL）				
c_{AgNO_3}（mol/L）				
c_{AgNO_3}（mol/L，平均值）				
相对平均偏差（%）				

表 7–10　样品分析

样品＋称量瓶质量（g）	第一次			
	第二次			
样品质量（g）				
$c_{样品}$（mol/L）				
记录项目 ＼ 滴定序号		I	II	III
$V_{样品试液}$（mL）		25.00	25.00	25.00
V_{AgNO_3}（终，mL）				
V_{AgNO_3}（初，mL）				
V_{AgNO_3}（mL）				
Cl（%）				
Cl（%，平均值）				
相对平均偏差（%）				

思考题

1. 此方法为何对溶液 pH 有严格规定？
2. 以重铬酸钾为指示剂，其浓度太大或太小对滴定结果有何影响？

实验七　过氧化氢含量的监测（高锰酸钾法）

一、实验目的

1. 掌握高锰酸钾标准溶液的配制与标定方法。
2. 掌握高锰酸钾法监测过氧化氢含量的原理与方法。

二、实验原理

$KMnO_4$ 最常用的氧化剂之一。$KMnO_4$ 滴定法通常在酸性溶液中进行，反应时锰的氧化数由＋7 价变为＋2 价。市售的 $KMnO_4$ 常含有杂质，用它配制的溶液需要在暗处放置数天，待 $KMnO_4$ 把还原性杂质充分氧化后，再除去生成的 $MnO(OH)_2$ 沉淀，然后标定其准确浓度。

光线和 $MnO(OH)_2$、Mn^{2+}等都能促进 $KMnO_4$ 分解，故配好的 $KMnO_4$ 溶液应除尽杂质，并保存于暗处。

标定 $KMnO_4$ 溶液的基准物有 $Na_2C_2O_4$ 和 $H_2C_2O_4 \cdot 2H_2O$，常用 $Na_2C_2O_4$ 标定，反应如下：

$$2MnO_4^- + 5C_2O_4^{2-} + 16H^+ = 2Mn^{2+} + 10CO_2\uparrow + 8H_2O$$

反应要在酸性、较高的温度和有 Mn^{2+} 作催化剂的条件下进行。开始滴定时，反应速度很慢，特别是滴入第一滴 $KMnO_4$ 时，浅红色可能数分钟不褪，须待红色褪去后再滴下一滴，不然加入的 $KMnO_4$ 溶液来不及反应，会在热的酸性溶液中发生分解，影响标定的准确度（使标定的 $KMnO_4$ 浓度偏低）。

在稀硫酸溶液中，过氧化氢在室温下能定量还原 $KMnO_4$，因此可用 $KMnO_4$ 法测定过氧化氢的含量，其反应式为：

$$2MnO_4^- + 5H_2O_2 + 6H^+ = 2Mn^{2+} + 5O_2 + 8H_2O$$

根据 $KMnO_4$ 溶液的浓度和滴定消耗的 $KMnO_4$ 溶液的体积，即可计算溶液中过氧化氢的含量。

三、试剂及仪器

1. 试剂

（1）$Na_2C_2O_4$（基准试剂，固体；在 105～110℃烘干 2 h，保存在干燥器中备用）；

（2）H_2SO_4 溶液（1:5）；

（3）$KMnO_4$（固体，分析纯）；

（4）H_2O_2（约 30%溶液）。

2. 仪器

（1）酸式滴定管（50 mL）；

（2）烧杯（400 mL）；

（3）容量瓶（250 mL）；

（4）移液管。

四、实验步骤

1. 0.02 mol/L $KMnO_4$ 溶液的配制和标定

（1）配制：用台秤称取 1.7～1.8 g $KMnO_4$ 固体，溶在煮沸的 500 mL 蒸馏水中（不能直接把 $KMnO_4$ 固体投入正在沸腾的水中，这样会产生爆沸现象，应将水稍冷却后再放入 $KMnO_4$ 固体），保持微沸约 1 h，静置冷却后用倾斜发倒入 500 mL 棕色试剂瓶中，不能把杯底的棕色沉掉倒进去。

（2）标定：用减量法准确称取 110℃烘干过的基准 $Na_2C_2O_4$ 0.15～0.20 g 3 份，分别置于 400 mL 烧杯中，加 80～90 mL 水，使之溶解，加入 20 mL H_2SO_4（1∶5），加热至 75～85℃，趁热用 $KMnO_4$ 溶液滴定至微红色，且 30 s 内不褪色即为终点（开始滴定时速度要慢，在第一滴 $KMnO_4$ 溶液滴入后，不断搅拌溶液当红色褪去后再滴入第二滴，在滴定过程中温度不能低于 70℃，故可边加热边滴。滴定前加几滴 $MnSO_4$ 溶液，Mn^{2+} 对滴定反应有催化作用。接近终点时，紫红色褪去很慢，应减慢速度，同时充分摇动，以防超过终点），记下 $KMnO_4$ 溶液的体积，计算 $KMnO_4$ 溶液的浓度和相对平均偏差（%）。

2. 过氧化氢含量的测定

用移液管准确移取 1.00 mL H_2O_2 样品，置于 250 mL 容量瓶中，加水稀释至刻度，摇匀。吸取 25.00 mL 稀释液 3 份，分别置于 3 个 250 mL 容量瓶中，各加 5 mL H_2SO_4 溶液（1∶5），用 $KMnO_4$ 标准溶液滴定至微红色，且 30 s 内不褪色即为终点。计算未经稀释样品中 H_2O_2 的含量（g/100 mL）及相对平均偏差（%）。

五、实验数据及结果

表 7–11　$KMnO_4$ 溶液的标定

滴定序号 / 记录项目		Ⅰ	Ⅱ	Ⅲ
$Na_2C_2O_4$＋称量瓶质量（g）	第一次			
	第二次			
$Na_2C_2O_4$ 质量（g）				
V_{KMnO_4}（终，mL）				
V_{KMnO_4}（初，mL）				
V_{KMnO_4}（mL）				
c_{KMnO_4}（mol/L）				
c_{KMnO_4}（mol/L，平均值）				
相对平均偏差（%）				

表 7–12 H_2O_2含量的测定（H_2O_2样品 1.00 mL 定容于 250 mL 容量瓶）

记录项目 \ 滴定序号	I	II	III
$V_{H_2O_2}$(mL)	25.00	25.00	25.00
V_{KMnO_4}(终，mL)			
V_{KMnO_4}(初，mL)			
V_{KMnO_4}(mL)			
$c_{H_2O_2}$(g/100 mL)			
$c_{H_2O_2}$(g/100 mL，平均值)			
相对平均偏差（%）			

思考题

用 $KMnO_4$ 法测定 H_2O_2 时的为什么要在硫酸酸性介质中进行，能否用盐酸来代替？

实验八 铋、铅混合液中铋、铅的监测（连续络合滴定）

一、实验目的

1. 掌握用金属锌标定 EDTA 的方法。
2. 了解在络合滴定中利用控制酸度的办法进行多种离子连续滴定的原理。
3. 了解络合滴定中缓冲溶液的作用。
4. 熟悉二甲酚橙指示剂的使用条件及性质。

二、实验原理

Bi^{3+}、Pb^{2+}均能和 EDTA 形成稳定的 1:1 络合物。混合液中 Bi^{3+}、Pb^{2+}的连续滴定是混合离子的分步滴定。如果溶液中有 M、N 两种金属离子存在，由于 M、N 均为能与 EDTA 形成络合物 MY、NY，如果 $\lg K_{MY}-\lg K_{NY}\geqslant 6$，则可以利用控制酸度的办法分别在不同的酸度滴定 M 和 N，这样就能在一份试液中分别测定 M 和 N 的含量。

Bi^{3+}、Pb^{2+}均能和 EDTA 形成 1:1 稳定的络合物：

$$Bi + Y = BiY \qquad \lg K_{BiY}=27.04$$

$$Pb + Y = PbY \qquad \lg K_{PbY}=18.04$$

因 $\lg K_{BiY}-\lg K_{PbY}=27.04-18.04=9.076$，故可利用控制酸度的办法分别滴定 Bi^{3+}和 Pb^{2+}。在 pH＝1.0 时，用 EDTA 标准溶液滴定 Bi^{3+}，以二甲酚橙为指示剂，溶液由紫红色变为亮黄色到达 Bi^{3+}的终点，而 Pb^{2+}不被滴定。然后用六次甲基四胺调溶液的 pH5～6，Pb^{2+}与二甲酚橙形成紫红色络合物，溶液再次呈现紫红色，用 EDTA 标准溶液滴定 Pb^{2+}，溶液由紫红色变为亮黄色，达到 Pb^{2+}的滴定终点。

三、试剂与仪器

1. 试剂

（1）乙二胺四乙酸二钠（EDTA），固体，分析纯；

（2）二甲酚橙（0.2%水溶液）；

（3）六次甲基四胺（20%水溶液）；

（4）金属锌粒（99.9%以上）；

（5）HCl（1:1）；

（6）Bi^{3+}、Pb^{2+}混合液：称取 $Bi(NO_3)_3$ 4.8 g，$Pb(NO_3)_2$ 3.3 g，加 25 mL HNO_3（0.5 mol/L）溶解，并用 HNO_3（0.1 mol/L）稀释至 1 L，此混合溶液中含 Bi^{3+}、Pb^{2+}各约为 0.01 mol/L。

2. 仪器

（1）试剂瓶（500 mL）；

（2）锥形瓶（250 mL）；

（3）酸式滴定管（50 mL）；

（4）烧杯（100 mL）；

（5）容量瓶（250 mL）；

（6）移液管（25 mL）。

四、实验步骤

1. 0.02 mol/L EDTA 标准溶液的配制和标定

（1）配制：台秤称 4 g 乙二胺四乙酸二钠盐（EDTA），置于 400 mL 烧杯中，加 200 mLH_2O 溶解，将溶液转移至 500 mL 试剂瓶中，加 H_2O 稀释至 500 mL，摇匀。

（2）标定：准确称取锌粒 0.3～0.4 g 一份，于 100 mL 烧杯中，加 10 mL HCl（1:1），盖上表面皿，低温加热溶解，用洗瓶吹洗表面皿和烧杯内壁，将溶液定量转入 250 mL 容量瓶中，用 H_2O 冲洗烧杯内壁 3～4 次，一并转入容量瓶中，用 H_2O 稀释至刻度，摇匀。

移取 Zn^{2+}标液 25.00 mL 3 份，分别置于 250 mL 锥形瓶中，加 1～2 滴二甲酚橙指示剂，滴加六次甲基四胺至溶液呈现稳定的紫红色，并过量 5 mL，用 EDTA 滴定至溶液由紫红色变为亮黄色为终点，计算 EDTA 的浓度和相对平均偏差（%）。

2. 样品溶液分析

分别移取 25.00 mL Bi^{3+}、Pb^{2+}混合液 3 份分别置于 250 mL 锥形瓶中，加 1～2 滴二甲酚橙指示剂，用 EDTA 标准溶液滴定至溶液由紫红色变为亮黄色，即为 Bi^{3+}的终点，记下消耗的 EDTA 标准溶液的体积，记为 V_1（mL）。

在滴定 Bi^{3+}后的溶液中，滴加20%的六次甲基四胺溶液至呈现稳定的紫红色，再过量 5 mL，此时溶液的 pH 值约为 5～6，再用 EDTA 标准溶液滴定至溶液由紫红色变为亮黄色，即为 Pb^{2+}的终点，记下消耗的 EDTA 标准溶液的体积，记为 V_2（mL）。分别计算 Bi^{3+}和 Pb^{2+}的浓度（g/L）及相对平均偏差（%）。

五、实验数据及结果

表 7–13　EDTA 溶液的标定

m_{Zn}（g）			
$c_{Zn^{2+}}$（mol/L）			
滴定序号 / 记录项目	I	II	III
$V_{Zn^{2+}}$（mL）	25.00	25.00	25.00
V_{EDTA}（终，mL）			
V_{EDTA}（初，mL）			
V_{EDTA}（mL）			
c_{EDTA}（mol/L）			
c_{EDTA}（mol/L，平均值）			
相对平均偏差（%）			

表 7–14　样品溶液分析

Bi^{3+}、Pb^{2+}混合液体积（mL）	25.00	25.00	25.00
$V_{EDTA(1)}$（终，mL）			
$V_{EDTA(1)}$（初，mL）			
$V_{EDTA(1)}$（mL，Bi^{3+}终点）			
$V_{EDTA(2)}$（终，mL）			
$V_{EDTA(2)}$（初，mL）			
$V_{EDTA(2)}$（mL，Pb^{2+}终点）			
$c_{Bi^{3+}}$（g/L）			
$c_{Bi^{3+}}$（g/L，平均值）			
相对平均偏差（%）			
$c_{Pb^{2+}}$（g/L）			
$c_{Pb^{2+}}$（g/L，平均值）			
相对平均偏差（%）			

思考题

用纯锌标定 EDTA 溶液时，为什么要加入六次甲基四胺溶液？

可不可以不用氨或强碱调节 pH=5～6，而用六次甲基四胺缓冲液来调节？用 HAc 缓冲液代替六次甲基四胺缓冲液可以吗？

实验九　返滴定法对未知物中铝含量的监测

一、实验目的

1. 了解反滴定法测定铝的原理。
2. 掌握反滴定法测定试样中铝的方法。

二、实验原理

当滴定剂和被测物质的反应速度比较慢或者无合适的指示剂时，不能用直接滴定法，可采用返滴定法。

由于铝的水解倾向较强，易形成一系列多核羟基络合物，这些络合物与EDTA络合速度慢，需要在过量的EDTA存在下煮沸才能完成，在酸性介质中，Al^{3+}对常用的指示剂二甲酚橙有封闭作用。因此采用反滴定法。

试液中先加入定量、过量的EDTA标准溶液，在pH=3.5时煮沸几分钟，使络合反应完全，冷至室温，调pH＝5～6，以二甲酚橙为指示剂，用Zn^{2+}标准溶液滴定过量的EDTA，从而测得Al的含量 。

三、试剂与仪器

1. 试剂

（1）HCl（1:1水溶液）；

（2）$NH_3 \cdot H_2O$（6 mol/L）；

（3）乙二胺四乙酸二钠盐（EDTA，固体，分析纯）；

（4）六次甲基四胺（20%水溶液）；

（5）金属锌粒（99.9%以上）；

（6）二甲酚橙指示剂（0.2%水溶液）；

（7）百里酚蓝（0.1%的20%乙醇溶液，pH>2.8时溶液呈黄色，pH>9时溶液呈蓝色）。

2. 仪器

（1）容量瓶（250 mL）；

（2）锥形瓶（250 mL）；

（3）烧杯（100 mL，250 mL）。

四、实验步骤

1. 0.02 mol/L Zn^{2+}标准溶液的配制

准确称取纯锌粒0.3～0.4 g 1份，置于100 mL烧杯中，加10 mL HCl（1:1），盖上表面皿，溶解，用H_2O冲洗表面皿及烧杯内壁，溶液定量转入250 mL容量瓶中，用H_2O稀释至刻度，摇匀，计算Zn^{2+}的浓度。

2. 0.02 mol/L EDTA 标准溶液的配制及标定

（1）配制：台秤称 4 g EDTA，置于 400 mL 烧杯中，加 H_2O 溶解，转入 500 mL 试剂瓶中，用 H_2O 稀释至 500 mL，摇匀。

（2）标定：移取 Zn^{2+}标准溶液 25.00 mL 3 份，分别置于 250 mL 锥形瓶中，加 2～3 滴二甲酚橙指示剂，滴加六次甲基四胺至溶液呈稳定的紫红色，再过量 5 mL，用 EDTA 标准溶液滴定至溶液由紫红色变为亮黄色为终点，计算 EDTA 的浓度及相对平均偏差。

3. 样品分析

减量法称取试样 0.3～0.4 g 一份，置于 100 mL 烧杯中，加 2 mL HCl（1:1），溶解，用 H_2O 冲洗烧杯内壁，试液定量转入 250 mL 容量瓶中，用 H_2O 冲洗烧杯内壁 3～4 次，一并转入容量瓶中，用水稀释至刻度，摇匀。用移液管移取试液 25.00 mL 3 份，分别置于 250 mL 锥形瓶中，移取 EDTA 标准溶液各 25.00 mL 于盛试液的锥形瓶中，加百里酚蓝指示剂 5～6 滴，用氨水（6 mol/L）调至溶液由红色变为黄色，煮沸 1～2 min，冷却至室温，加 10 mL 20% 六次甲基四胺，加二甲酚橙指示剂 2～3 滴（此时溶液呈黄色，如不显黄色，可用 HCl（1:1）调至黄色），用 Zn^{2+}标准溶液反滴定剩余的 EDTA，滴定至溶液由黄色变为紫红色，即为终点。计算 Al_2O_3%及相对平均偏差。

五、实验数据及结果

表 7-15　EDTA 溶液的标定

m_{Zn}（g）			
$c_{Zn^{2+}}$（mol/L）			
滴定序号 / 记录项目	I	II	III
$V_{Zn^{2+}}$（mL）	25.00	25.00	25.00
V_{EDTA}（终，mL）			
V_{EDTA}（初，mL）			
V_{EDTA}（mL）			
c_{EDTA}（mol/L）			
c_{EDTA}（mol/L，平均值）			
相对平均偏差（%）			

表 7-16　样品分析

试样+称量瓶质量（g）	第一次			
	第二次			
试样质量（g）				
滴定序号 / 记录项目		I	II	III
$V_{Al^{3+}}$试液（mL）				
V_{EDTA}（mL）				
$V_{Zn^{2+}}$（终，mL）				

续表

记录项目 \ 滴定序号	Ⅰ	Ⅱ	Ⅲ
$V_{Zn^{2+}}$（初，mL）			
$V_{Zn^{2+}}$（mL）			
Al_2O_3（%）			
Al_2O_3（%，平均值）			
相对平均偏差（%）			

思考题

反滴定过量的 EDTA 时，能否改用其他金属离子的标准溶液？

实验十　铜盐样品中铜含量的监测（碘量法）

一、实验目的

1. 掌握碘量法的原理。
2. 掌握 $Na_2S_2O_3$ 标准溶液的配制和标定方法。
3. 掌握用间接碘量法监测铜盐中铜的原理。

二、实验原理

在弱酸性溶液中，Cu^{2+}与过量 KI 作用，生成 CuI 沉淀，同时析出定量的 I_2：

$$2Cu^{2+} + 4I^- = 2CuI\downarrow + I_2$$

$$\text{或 } 2Cu^{2+} + 5I^- = 2CuI\downarrow + I_3^-$$

析出的碘以淀粉为指示剂，用 $Na_2S_2O_3$ 标准溶液滴定：

$$I_2 + 2S_2O_3^{2-} = 2I^- + S_4O_6^{2-}$$

这里 KI 是：Cu^{2+}的还原剂，将 Cu^{2+}还原为 Cu^+；又是沉淀剂，将 Cu^+沉淀为 CuI；还是络合剂，使析出的 I_2 生成 I_3^-，增加了 I_2 的溶解度，减少 I_2 的挥发。由于 CuI 沉淀强烈吸附 I_3^-，会使测定结果偏低。故加入 NH_4SCN 使 CuI（$K_{sp}=1.1\times10^{-12}$）转化为溶解度更小的 CuSCN（$K_{sp}=4.8\times10^{-15}$），释放出吸附的 I_3^-。

$$CuI + SCN^- = CuSCN\downarrow + I^-$$

释放出的 I^-与未作用的 Cu^{2+}发生反应，这样就使得 Cu^{2+}被 I^-还原的反应在用较少 KI 时也能进行完全，同时改善了终点，降低了误差。但 SCN^-只能在接近终点时加入，否则直接还原 Cu^{2+}，使结果偏低。

$$6Cu^{2+} + 7SCN^- + 4H_2O = 6CuSCN\downarrow + SO_4^{2-} + CN^- + 8H^+$$

Cu^{2+}被 I^-还原的 pH 值一般控制在 3～4 之间，酸度过低时，Cu^{2+}要水解，使反应不完全，结果偏低，而且反应速度慢，终点拖长。酸度过高时，则 I^-易被空气中的氧氧化为 I_2，使结果偏高。而 NH_4HF_2 是一种很好的缓冲溶液，用 NH_4HF_2 来控制溶液的酸度。因为 HF 的 K_a 为 6.6×10^{-4}（pK_a=3.18），故可使溶液的 pH 值控制在 3～4 之间。

此外，若试样中含有铁对测定会有干扰，因为 Fe^{3+}能将 I^-氧化为 I_2，使测定结果偏高。

$$2Fe^{3+} + 2I^- = 2 Fe^{2+} + I_2$$

而加入 NH_4HF_2 后，则 F^-与 Fe^{3+}生成稳定的 FeF_6^{3-}，掩蔽 Fe^{3+}，从而消除了 Fe^{3+}的干扰。

$Na_2S_2O_3$ 溶液用 $K_2Cr_2O_7$ 为基准物标定。在酸性溶液中，$K_2Cr_2O_7$ 与过量 KI 作用析出 I_2，在弱酸性条件下，以淀粉为指示剂，用 $Na_2S_2O_3$ 溶液滴定生成的 I_2，滴定至蓝色消失即为终点。有关反应式如下：

$$Cr_2O_7^{2-} + 6I^- + 14H^+ = 2Cr^{3+} + 3I_2 + 7H_2O$$

$$I_2 + 2S_2O_3^{2-} = 2I^- + S_4O_6^{2-}$$

三、试剂与仪器

1. 试剂

（1）$K_2Cr_2O_7$ 基准试剂（在 150～180℃下烘干 2 h，放入干燥器中冷至室温）；

（2）KI（固体，分析纯）；

（3）0.5%淀粉溶液（称取可溶性淀粉 0.5g，加少量水搅匀后，边搅拌边加入 100 mL 沸水中，加热至溶液透明为止，加热时间不可过长）；

（4）NH_4SCN 溶液（10%水溶液）；

（5）HCl（1:1，约 6 mol/L）；

（6）NH_4HF_2 溶液（20%水溶液，置于塑料瓶中）

（7）HAc（1:1 水溶液）；

（8）氨水（1:1 水溶液）；

（9）$Na_2S_2O_3 \cdot 5H_2O$（分析纯）；

（10）Na_2CO_3 溶液（固体，分析纯）；

（11）铜盐样品（$CuSO_4 \cdot 5H_2O$）。

2. 仪器

（1）滴定管（50 mL 酸式）；

（2）锥形瓶（250 mL）；

（3）试剂瓶（棕色 500 mL）；

（4）称量瓶；

（5）烧杯（100 mL）；

（6）容量瓶（250 mL）。

四、实验步骤

1. $K_2Cr_2O_7$ 标准溶液的配制：

用减量法准确称取 $K_2Cr_2O_7$ 1.2～1.3 g，于 100 mL 烧杯中，加水溶解后，定量转入 250 mL 容量瓶中，用水冲洗烧杯 2～3 次，一并转入容量瓶中，用水稀释至刻度，摇匀。计算 $K_2Cr_2O_7$ 溶液的准确浓度。

2. 0.1 mol/L $Na_2S_2O_3$ 溶液的配制与标定

（1）配制：台秤称 10 g $Na_2S_2O_3 \cdot 5H_2O$，溶于 500 mL 新煮沸而又冷却至室温的蒸馏水中，加入约 0.1 g Na_2CO_3，储存于棕色试剂瓶中，摇匀。

（2）标定：移取 $K_2Cr_2O_7$ 标准溶液 25.00 mL 3 份，分别置于 250 mL 锥形瓶中，加 5 mL 1:1 HCl，1 g KI，摇匀。置于暗处 5 min，待反应完全后，加蒸馏水 60～70 mL，用待标定的 $Na_2S_2O_3$ 溶液滴定至淡黄绿色，然后加 0.5%的淀粉指示剂 2 mL，继续滴定至溶液由蓝色变为亮绿色即为终点（标定 $Na_2S_2O_3$ 时滴定至终点后，经过 5 min 以上，溶液又变为蓝色，这是空气中氧氧化 I^- 成 I_2 所致，不影响结果。若滴定至终点后很快又转变为蓝色，是由于 KI 与 $K_2Cr_2O_7$ 反应不完全引起，应另取溶液重新标定），计算 $Na_2S_2O_3$ 溶液的浓度及相对平均偏差（%）。

3. 铜盐样品中铜的测定

准确称取铜盐样品（$CuSO_2 \cdot 5H_2O$）0.5～0.7 g 3 份，分别置于 250 mL 锥形瓶中，加水 70 mL 水使样品溶解，滴加 1:1 氨水至溶液中刚有沉淀生成[$Cu(OH)_2\downarrow$]，加 8 mL HAc(1:1)，10 mL NH_4HF_2 溶液（20%水溶液），2gKI，摇匀。在暗处放置 5 min。用 $Na_2S_2O_3$ 标准溶液[$c(Na_2S_2O_3) = 0.1mol/L$]滴定至淡黄绿色，加 3 mL 0.5%的淀粉指示剂，用 $Na_2S_2O_3$ 标准溶液[$c(Na_2S_2O_3) = 0.1mol/L$]滴定至浅蓝色，加 10 mL NH_4SCN 溶液（10%水溶液），摇匀后，再继续用 $Na_2S_2O_3$ 标准溶液[$c(Na_2S_2O_3) = 0.1$ mol/L]滴定至蓝色刚好消失为终点，计算试样中铜的含量及相对平均偏差（%）。

五、实验数据及结果

表 7–17　$K_2Cr_2O_7$ 标准溶液的配制（定容 250.0 mL）

$K_2Cr_2O_7$+称量瓶质量（g）	第一次	
	第二次	
$K_2Cr_2O_7$ 质量（g）		
$c_{K_2Cr_2O_7}$（mol/L）		

表 7–18　0.1 mol/L $Na_2S_2O_3$ 溶液的标定

滴定序号 / 记录项目	I	II	III
$V_{K_2Cr_2O_7}$（mL）	25.00	25.00	25.00
$V_{Na_2S_2O_3}$（终，mL）			
$V_{Na_2S_2O_3}$（初，mL）			
$V_{Na_2S_2O_3}$（mL）			
$c_{Na_2S_2O_3}$（mol/L）			
$c_{Na_2S_2O_3}$（mol/L，平均值）			
相对平均偏差（%）			

表 7-19　样品分析

记录项目 \ 滴定序号		I	II	III
试样+称量瓶质量（g）	第一次			
	第二次			
试样质量（g）				
$V_{Na_2S_2O_3}$（终，mL）				
$V_{Na_2S_2O_3}$（初，mL）				
$V_{Na_2S_2O_3}$（mL）				
Cu（%）				
Cu（%，平均值）				
相对平均偏差（%）				

思考题

1. 铜合金能否用 KNO_3 分解？为什么？

2. 用间接碘量法测定铜盐中铜时，为什么需要加入 NH_4HF_2？为什么 NH_4HF_2 能控制溶液的 pH 值在 3～4 之间？

3. 用间接碘量法测定铜盐中铜时，为什么需要加入较大量的过量 KI？加入 NH_4SCN 的作用是什么？淀粉过早加入有什么不好？

实验十一　重铬酸钾法对铁含量的监测（无汞法）

一、实验目的

1. 了解重铬酸钾法的特点。
2. 了解重铬酸钾法无汞法监测铁含量的原理。
3. 了解氧化还原指示剂的变色原理。

二、实验原理

铁的测定常用 $K_2Cr_2O_7$ 法。K_2CrO_7 是一种常用的氧化剂。在酸性介质中有很强的氧化性：

$$Cr_2O_7^{2-} + 14H^+ + 6e^- = 2Cr^{3+} + 7H_2O$$

$K_2Cr_2O_7$ 法的特点是：$K_2Cr_2O_7$ 易提纯、稳定，可作为基准物质直接配制标准溶液。$K_2Cr_2O_7$ 标准很稳定，可以长期保存，滴定反应速度快，可在常温下滴定。

试样用 HCl 溶解，首先用 $SnCl_2$ 还原大部分 Fe^{3+}，继续用 $TiCl_3$ 还原剩余部分 Fe^{3+}：

$$2FeCl_4^- + SnCl^{2-} + 2Cl^- = 2FeCl^{2-} + SnCl_6^{2-}$$

$$FeCl_4^- + Ti^{3+} + H_2O = FeCl_4^{2-} + TiO^{2+} + 2H^+$$

当 Fe^{3+}定量还原为 Fe^{2+}之后，过量一滴 $TiCl_3$ 溶液，即可将溶液中作为指示剂的钨酸钠

(Na_2WO_4)中的六价钨，还原为蓝色的五价钨化合物（俗称"钨蓝"），故溶液呈蓝色。过量的 $TiCl_3$ 通过滴加 $K_2Cr_2O_7$ 溶液至蓝色刚好消失（此时的 $K_2Cr_2O_7$ 不计量），从而消除少量还原剂的影响。

定量还原 Fe^{3+} 时，不能只用 $SnCl_2$，因为在此酸度下，$SnCl_2$ 不能还原钨酸钠的六价钨为五价钨，故溶液没有明显的颜色变化，无法准确控制其用量，而且过量的 $SnCl_2$ 没有适当的非汞方法消除。但是也不能单独使用 $TiCl_3$，特别是试样中铁含量高时，如果用比较多的 $TiCl_3$ 还原，就使溶液中引入了较多的钛盐，当用水稀释试液时，容易出现大量四价钛盐沉淀，影响滴定，因此需要将 $SnCl_2$ 与 $TiCl_3$ 联合使用。

当 Fe^{3+} 被定量还原为 Fe^{2+} 及过量还原剂被除去后，即可加硫酸—磷酸混合酸，用二苯胺磺酸钠为指示剂，用 $K_2Cr_2O_7$ 溶液滴定至溶液中二价铁由浅绿色变为紫色为终点。

本实验中加入硫酸—磷酸混合酸的目的是：

（1）提供反应所需的酸度。

（2）H_3PO_4 与 Fe^{3+} 生成无色的稳定的 $Fe(HPO_4)_2^-$ 络合物，降低了 Fe^{3+}/Fe^{2+} 电对的电位，使反应更加完全。

（3）加入 H_3PO_4 后由于 H_3PO_4 与 Fe^{3+} 生成了 $Fe(HPO_4)_2^-$ 无色络合物，消除了 Fe^{3+} 的黄色，有利于终点观察。

三、试剂与仪器

1. 试剂

（1）$K_2Cr_2O_7$（基准试剂；在 140～150℃烘干 2 h，放入干燥器中冷却至室温）；

（2）HCl（1:1）；

（3）$SnCl_2$ 溶液（10% 1:2 HCl 溶液：称取 10 g $SnCl_2 \cdot H_2O$ 溶于 100 mL 1:2 HCl，此溶液临用时配制）；

（4）$TiCl_3$ 溶液（3%：100 mL 15%～20%的浓 $TiCl_3$ 与 160 mL 1:1 HCl 及 50 mL 水混合，加入 10 粒纯锌粒（不含砷），放置过夜）；

（5）Na_2WO_4 溶液（25%：称取 25g Na_2WO_4 溶于适量水中，加 H_3PO_4 5 mL，用水稀释至 100 mL）；

（6）二苯胺磺酸钠指示剂（0.2%水溶液）；

（7）硫—磷混酸（150 mL 浓 H_2SO_4 慢慢加入 700 mL H_2O 中，冷却后加入 150 mL 磷酸，混匀）。

2. 仪器

（1）称量瓶；

（2）滴定管（50 mL，酸式）；

（3）锥形瓶（250 mL）；

（4）烧杯（250 mL）；

（5）容量瓶（250 mL）。

四、实验步骤

1. $K_2Cr_2O_7$标准溶液的配制

将$K_2Cr_2O_7$在140～150℃ 烘干2 h，放入干燥器中冷至室温。准确称取1.2～1.3 g $K_2Cr_2O_7$ 1份于250 mL烧杯中，加水溶解后，定量转入250 mL容量瓶中，用水冲洗烧杯内壁3～4次，一并转入容量瓶中，用H_2O稀释刻度，摇匀，计算其准确浓度。

2. 样品分析

减量法准确试样1.0～1.2 g 3份，分别置于250 mL锥形瓶中，加5 mL HCl（1:1），加热溶解，趁热边摇动边滴加$SnCl_2$（10%）至溶液呈浅黄色，加50 mL H_2O，加4滴Na_2WO_4（10%），边摇动边滴加$TiCl_3$（3%）至出现浅蓝色（钨蓝），再过量2滴，用H_2O冲洗烧杯内壁。滴加$K_2Cr_2O_7$至蓝色刚好消失（此时$K_2Cr_2O_7$不计量，一般只需几滴，不要过量，否则结果偏低），加50 mLH_2O，15 mL硫磷混酸，5～6滴二苯胺磺酸钠指示剂（0.2%），立即用$K_2Cr_2O_7$标准溶液滴定至溶液由浅绿色变为紫色为终点，计算试样中Fe的含量及相对平均偏差。

五、实验数据及结果

表7-20　$K_2Cr_2O_7$标准溶液的配制

$K_2Cr_2O_7$+称量瓶质量（g）	第一次	
	第二次	
$K_2Cr_2O_7$质量（g）		
$c_{K_2Cr_2O_7}$（mol/L）		

表7-21　样品分析

记录项目 \ 滴定序号		I	II	III
试样+称量瓶质量（g）	第一次			
	第二次			
试样质量（g）				
$V_{K_2Cr_2O_7}$（终，mL）				
$V_{K_2Cr_2O_7}$（初，mL）				
$V_{K_2Cr_2O_7}$（mL）				
Fe（%）				
Fe（%，平均值）				
相对平均偏差（%）				

注：在硫—磷混酸溶液中，Fe^{2+}极易被氧化；故加入硫—磷混酸后，应马上滴定。二苯胺磺酸钠指示剂加入后，溶液呈无色，随着$K_2Cr_2O_7$的滴入，Cr^{3+}生成，溶液由无色逐渐变为绿色。终点时，由绿色变为紫色。

思考题

1. $K_2Cr_2O_7$为什么能直接称量配置准确浓度的标准溶液？
2. 无汞法测定铁的原理。
3. 加入硫—磷混酸的目的是什么？

实验十二　邻二氮菲分光光度法对微量铁的监测

一、实验目的

1. 掌握分光光度法的基本原理。
2. 掌握铁的分光光度测定法。
3. 了解分光光度计的性能、结构及使用方法。

二、实验原理

1. 分光光度法定量分析的理论基础

分光光度法是基于物质对光的选择性吸收而建立起来的分析方法。分光光度法定量分析的理论基础是朗伯比尔定律。

朗伯比尔定律及其物理意义：当一束平行的平色光垂直照射到某一液层厚度为 b 的均匀溶液时，入射光一部分被溶液吸收，一部分透过溶液。设入射光的强度为 I_0，吸收光的强度为 I_a，透过光的强度为 I_t，则它们之间的关系如图 7-1 所示。

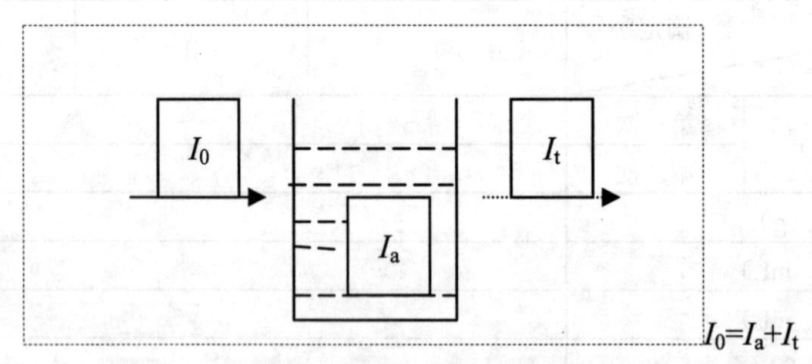

图 7-1　入射光强度、吸收光强度和透过光强度之间的关系

透过光强度 I_t 与入射光强度 I_0 之比称为透光率或透过率，用 T 表示：$T=I_t/I_0$。

实践证明：溶液对光的吸收程度（吸光度），与溶液浓度、液层厚度及入射光的波长等因素有关。如果保持入射光波长不变，则溶液对光的吸收程度只与溶液浓度、液层厚度有关。

朗伯比尔定律：当一束平行的单色光垂直照射到某均匀溶液时，溶液的吸光度与吸光物质的浓度及液层厚度成正比，其数学表达式为：

$$A=\lg\frac{I_0}{I_t}=-\lg T=\varepsilon bc$$

式中：A——吸光度；

I_0——入射光强度；

I_t——透过光强度；

T——透过率；

ε——摩尔吸光系数，L/(cm·mol)；

b——液层厚度，cm；

c——吸光物质的浓度，mol/L。

2. 邻二氮菲分光光度法测定铁的原理

邻二氮菲是测定微量铁的高灵敏、高选择性试剂。邻二氮菲（Phen）在 pH=2～9 的条件下，Fe^{2+}与 Phen 生成极稳定的橘红色络合物，反应式如下：

$$Fe^{2+} + 3Phen \rightarrow [Fe(Phen)_3]^{2+}$$

此络合物的 $\lg K_{稳}=21.3$，$\varepsilon_{508}=1.1\times10^4$ L/(cm·mol)。

在显色前，首先用盐酸羟胺将 Fe^{3+}还原为 Fe^{2+}，测定时控制溶液酸度 pH=5 左右。酸度高时，反应进行慢，反之，Fe^{2+}易水解，影响显色。Bi^{3+}、Cd^{2+}、Hg^{2+}、Ag^{+}、Zn^{2+}等离子与邻二氮菲生成沉淀，Ca^{2+}、Cu^{2+}、Ni^{2+}等离子与邻二氮菲生成有色络合物，因此，当有这些离子共存时，应注意它们的干扰作用。

分光光度法测定铁的实验条件，如测量波长、溶液酸度、显色剂用量、显色时间、温度、溶剂及共存离子干扰及其消除等，都是通过实验来确定的。

本实验采用标准曲线法(又称工作曲线法)，即配制一系列浓度由大到小的 Fe^{3+}标准溶液，在确定条件下一次测量各标准溶液的吸光度（A）。以标准溶液的浓度为横坐标，相应的吸光度为纵坐标，在坐标纸上绘制标准曲线。将未知试样按照与绘制标准曲线相同的操作条件操作，测定出其吸光度，再从标准曲线上查出该吸光度对应的浓度值，就可计算出被测试样中铁的含量。

三、试剂与仪器

1. 试剂

（1）铁标准溶液（Fe^{3+}100 μg/mL，贮备液）：准备称取 0.863 4 g 的 $NH_4Fe(SO_4)_2·12H_2O$，置于烧杯中，加入 20 mL 6 mol/L 的 HCl 和少量水，溶解后定量转入 1 L 的容量瓶中，用水稀释至刻度，摇匀。

（2）邻二氮菲（0.15%水溶液）。

（3）盐酸羟胺（10%水溶液，用时配制）。

（4）NaAc（1 mol/L）。

（5）HCl（6 mol/L）。

（6）NaOH（0.1 mol/L）。

2. 仪器

（1）分光光度计；

（2）容量瓶（50 mL，100 mL）；

（3）吸量管（10 mL，5 mL，2 mL）。

四、实验步骤

1. 配制 10.00 μg/mL 的 Fe^{3+}标准溶液

移取 10.00 mL 100 μg/mL 的 Fe^{3+}标准溶液于 100 mL 容量瓶中，用水稀释至刻度，摇匀。

2. 工作曲线的绘制

取 6 只 50 mL 容量瓶，用吸量管分别移取 10.00 μg/mL Fe^{3+}标液 0.00、2.00、4.00、6.00、8.00、10.00 mL，再分别加入 1 mL 盐酸羟胺（10%）、2 mL 邻二氮菲（0.15%）、5 mL NaAc（1 mol/L），用水稀释至刻度，摇匀。在波长 508 nm 处用 1 cm 比色皿，以含铁 0.00 μg/mL 溶液为参比，测定各溶液吸光度，以铁的浓度为横坐标，溶液相应的吸光度为纵坐标，绘制工作曲线。

3. 铁含量的测定

吸取 1.00 mL 含铁试液，于 50 mL 容量瓶中，按工作曲线的步骤，测定其吸光度，从工作曲线上查出待测溶液中相当于铁的微克数，然后计算出待测溶液中微量铁的含量（μg/mL）。

五、实验数据及结果

表 7-22　工作曲线的绘制

容量瓶编号	1	2	3	4	5	6
Fe^{3+}含量（μg）	0.00	20.00	40.00	60.00	80.00	100.00
A						

铁含量的测定：

$V_{试液}$=1.00 mL；$A_{试液}$=________。

计算：

$$未知液含铁量(\mu g/mL) = m/V$$

式中：V——未知液的取样体积，mL；

m——V mL 未知液中的铁含量，μg。

思考题

1. 邻二氮菲分光光度法测定铁时加盐酸羟胺和乙酸钠的目的是什么？
2. 如果试液测得吸光度不在工作曲线范围内怎么办？

实验十三　石灰石中钙含量的监测（$KMnO_4$法）

一、实验目的

1. 进行沉淀过滤和滴定分析实验技术的综合训练。
2. 掌握 $KMnO_4$溶液的配制及用草酸钠为基准物标定 $KMnO_4$溶液的方法。

3. 掌握 $KMnO_4$ 法间接测定石灰石中钙的原理。

二、实验原理

石灰石的主要成分是碳酸钙，含氧化钙约 40%～50%，较好的石灰石含 CaO 约 45%～53%。此外还含有 SiO_2、Fe_2O_3、Al_2O_3 及 MgO 等杂质。测定石灰石中钙含量时将样品溶于稀盐酸，加入草酸铵溶液，在中性或碱性介质中生成难溶的草酸钙沉淀（$CaC_2O_4 \cdot H_2O$），将所生成的沉淀过滤、洗净，用稀硫酸溶解，用高锰酸钾标准溶液滴定生成的草酸，通过钙与草酸反应的计量关系，间接求出石灰石中钙的含量，反应如下：

$$Ca^{2+} + C_2O_4^{2-} = CaC_2O_4 \downarrow$$

$$CaC_2O_4 + H_2SO_4 = CaSO_4 + H_2C_2O_4$$

$$5H_2C_2O_4 + 2KMnO_4 + 3\,H_2SO_4 = 2MnSO_4 + K_2SO_4 + 10CO_2 \uparrow + 8\,H_2O$$

CaC_2O_4 沉淀颗粒细小，易沾污，难于过滤。为了得到纯净而粗大的结晶，通常在含 Ca^{2+} 的酸性溶液中加入饱和 $(NH_4)_2C_2O_4$，由于 $C_2O_4^{2-}$ 浓度很低，而不能生成沉淀，此时向溶液中滴加氨水，溶液中 $C_2O_4^{2-}$ 浓度慢慢增大，可以获得颗粒比较粗大的 CaC_2O_4 沉淀。沉淀完毕后，pH 应在 3.5～4.5，这样可避免其他难溶钙盐析出，又不使 CaC_2O_4 溶解度太大。

三、试剂与仪器

1. 试剂

（1）$KMnO_4$（固体，分析纯）；

（2）$Na_2C_2O_4$（固体，分析纯；110℃烘干 2 h，干燥器中冷却至室温）；

（3）氨水（1:1 水溶液）；

（4）盐酸（1:1 水溶液，约 3.6 mol/L）；

（5）硫酸（1:1 水溶液，约 9 mol/L）；

（6）硫酸（1:5 水溶液，约 3.6 mol/L）；

（7）甲基红指示剂（0.1%的 60%乙醇溶液）；

（8）$AgNO_3$ 溶液（0.1 mol/L）；

（9）$(NH_4)_2C_2O_4$ 饱和溶液。

2. 仪器

（1）酸式滴定管（50 mL）；

（2）锥形瓶（250 mL）；

（3）称量瓶；

（4）试剂瓶（棕色，500 mL）。

四、实验步骤

1. 0.02 mol/L $KMnO_4$ 标准溶液的配制和标定

（1）配制：用台秤称取 1.7～1.8 g $KMnO_4$ 固体，溶在煮沸的 500 mL 蒸馏水中（不能直接把 $KMnO_4$ 固体投入正在沸腾的水中，这样会产生爆沸现象，应将水稍冷却后再放入 $KMnO_4$ 固体），保持微沸约 1 h，静置冷却后用倾斜法倒入 500 mL 棕色试剂瓶中，不能把杯底的棕色沉淀倒进去。

（2）标定：用减量法准确称取 110℃烘干过的基准 $Na_2C_2O_4$ 0.15～0.20 g 3 份，分别置于 400 mL 烧杯中，加 80～90 mL 水，溶解，加入 20 mL H_2SO_4（1:5），加热至 75～85℃，趁热用 $KMnO_4$ 溶液滴定至微红色，且 30 s 内不褪色即为终点（开始滴定时速度要慢，在第一滴 $KMnO_4$ 溶液滴入后，不断搅拌溶液当红色褪去后再滴入第二滴，在滴定过程中温度不能低于 70℃，故可边加热边滴。滴定前加几滴 $MnSO_4$ 溶液，Mn^{2+} 对滴定反应有催化作用。接近终点时，紫红色褪去很慢，应减慢速度，同时充分摇动，以防超过终点），记下 $KMnO_4$ 溶液的体积，计算 $KMnO_4$ 溶液的浓度和相对平均偏差（%）。

2. 样品分析

用减量法准确称取 110℃烘干过的样品 0.13～0.18 g 3 份于 400 mL 烧杯，加入少许蒸馏水搅拌成糊状（$CaCO_3$ 加 HCl 时会产生大量 CO_2 气体，如果试样为干粉状，会将试样粉末冲出。故必须将样品润湿），盖上表面皿。用滴管自烧杯嘴处滴加 1:1 HCl 10 mL，待气泡停止发生后，加热使试样分解完全。用水冲洗烧杯内壁及表面皿，加水稀释至 100 mL，再加 1:1 HCl 5 mL，饱和 $(NH_4)_2C_2O_4$ 溶液 20 mL，甲基红溶液 1～2 滴，加热 70～80℃，在不断搅拌下滴加 1:1 氨水至溶液由红色变为黄色。将锥形瓶置于水浴上加热陈化 2 h 左右（陈化过程中，若溶液变为红色，可补加几滴 1:1 氨水，使溶液刚刚变黄），将锥形瓶从水浴上取下，冷至室温。用慢速滤纸过滤（倾泻法）。沉淀用冷的蒸馏水洗 4～5 次，每次用水约 10 mL。然后将沉淀转移到滤纸上，用冷水洗涤。当洗涤接近完成时，用洁净的试管收集滤液约 1 mL，用 $AgNO_3$ 溶液检查无 Cl^-，若无 Cl^-，则洗涤完毕。

将洗净之沉淀连同滤纸取下展开，贴在原来盛沉淀的烧杯内壁上，沉淀一端朝下。用热的 100 mL 水将沉淀冲下（如当天完不成全部实验，可在此处停止，下次继续进行），加 1:1 H_2SO_4 20 mL，微热使沉淀溶解。再用热水冲洗滤纸数次（不要将滤纸扔掉），加热至 80℃，用已标定好的 $KMnO_4$ 溶液滴定至溶液呈粉红色时，将滤纸拨入烧杯中（不能将滤纸搅碎，应轻轻拨动，使滤纸保持完整），再滴定至粉红色 30 s 不褪为终点，记下消耗的 $KMnO_4$ 体积，计算 CaO 含量及相对平均偏差。

五、实验数据及结果

表 7–23 $KMnO_4$ 溶液的标定

记录项目 \ 滴定序号		I	II	III
$Na_2C_2O_4$+称量瓶质量（g）	第一次			
	第二次			
$Na_2C_2O_4$ 质量（g）				
V_{KMnO_4}（终，mL）				
V_{KMnO_4}（初，mL）				
V_{KMnO_4}（mL）				
c_{KMnO_4}（mol/L）				
c_{KMnO_4}（mol/L，平均值）				
相对平均偏差（%）				

表 7–24　样品分析

记录项目＼滴定序号		Ⅰ	Ⅱ	Ⅲ
试样＋称量瓶质量（g）	第一次			
	第二次			
试样质量（g）				
V_{KMnO_4}（终，mL）				
V_{KMnO_4}（初，mL）				
V_{KMnO_4}（mL）				
CaO（%）				
CaO（%，平均值）				
相对平均偏差（%）				

思考题

1. 沉淀 CaC_2O_4，为什么要先在酸性溶液中加入沉淀剂$(NH_4)_2C_2O_4$，然后在 70～80℃时滴加氨水至甲基红指示剂变为黄色？

2. 写出沉淀、溶解、滴定的反应式，并推出 CaO 与 $KMnO_4$之间的定量关系。

实验十四　天然水总硬度的监测

一、实验目的

1. 掌握 EDTA 标准溶液的配制与标定方法。
2. 掌握铬黑 T 指示剂的使用条件和终点变化。
3. 掌握 EDTA 法监测水的总硬度的原理和方法。
4. 了解水硬度的表示方法。

二、实验原理

水的硬度对饮用和工业用水关系极大，是水质分析的常规项目。水的硬度主要来源于水中所含的钙盐和镁盐。

水的总硬度有下列三种表示方法：

用度表示：$x（°）=\dfrac{c_{EDTA}\times V_{EDTA}\times M(CaO)\times 10^2}{V_{水样}}$

用 $CaCO_3$ 表示：$CaCO_3$（mg/L）$=\dfrac{c_{EDTA}\times V_{EDTA}\times M(CaCO_3)\times 10^3}{V_{水样}}$

用 CaO 表示：$CaO\ (mg/L) = \dfrac{c_{EDTA} \times V_{EDTA} \times M(CaO) \times 10^3}{V_{水样}}$

目前主要用 EDTA 测定法测定水中钙和镁的总量，并折合成 $CaCO_3$ 或 CaO。测定时，在 pH=10 的氨性缓冲溶液中，以铬黑 T（In）为指示剂，用 EDTA（Y）滴定。因稳定性 CaY^{2-}> MgY^{2-}>$MgIn^{-}$>$CaIn^{-}$，铬黑 T 先与部分 Mg^{2+}络合为 $MgIn^{-}$（紫红色）。当 EDTA 滴入时，EDTA 首先与 Ca^{2+}和 Mg^{2+}络合，然后再夺取 $MgIn^{-}$中的 Mg^{2+}，使铬黑 T 游离出来，因此到达终点时，溶液由紫红色变为纯蓝色。

三、试剂与仪器

1. 试剂

（1）乙二胺四乙酸二钠盐（EDTA，固体，分析纯）；

（2）氨—氯化铵缓冲溶液（pH≈10）：称 20 g NH_4Cl 溶于水，加 100 mL 浓氨水，加 Mg-EDTA 络合物 0.4 g，用水稀释至 1 L）；

（3）铬黑 T（EBT）：1 g EBT 与 100 g 固体 NaCl 混合研细，保存备用；

（4）三乙醇胺（1:2 水溶液）；

（5）HCl（1:1 水溶液，约 6 mol/L）；

（6）$CaCO_3$（固体，基准试剂）。

2. 仪器

（1）称量瓶；

（2）滴定管（50 mL 酸式）；

（3）容量瓶（250 mL）；

（4）锥形瓶（250 mL）；

（5）试剂瓶（500 mL）；

（6）烧杯（100 mL）；

（7）移液管（25 mL）；

（8）量筒（10 mL）。

四、实验步骤

1. 0.02 mol/L EDTA 标准溶液的配制和标定

（1）配制：台秤称 4 g EDTA，置于 400 mL 烧杯中，加 H_2O 溶解，转入试剂瓶中，用 H_2O 稀释至 500 mL，摇匀。

（2）标定：用减量法准确称取 0.4～0.5 g $CaCO_3$ 一份于 100 mL 烧杯中，用少量 H_2O 润湿，盖上表玻璃，从烧杯口慢慢滴加 10 mL HCl（1:1），溶解，用少量 H_2O 冲洗烧杯内壁，将溶液定量转入 250 mL 容量瓶中，用 H_2O 冲洗烧杯内壁 2～3 次，一并转入容量瓶中，用 H_2O 稀释至刻度，摇匀。

移取 25.00 Ca^{2+}溶液 3 份，分别置于 250 mL 锥形瓶中，加 20 mL pH=10 氨性缓冲溶液，加少许 EBT 指示剂至溶液呈紫红色，用 EDTA 滴定至溶液由紫红色变为纯蓝色为终点。计算

EDTA 溶液的浓度和相对平均偏差。

2. 水的总硬度的测定

移取水样 100.0 mL 3 份，分别置于 250 mL 锥形瓶中，加 1～2 滴 HCl（1:1）酸化，煮沸 1～2 min，冷却，加 5 mL 三乙醇胺，5 mL pH=10 氨性缓冲溶液，少许 EBT 指示剂至溶液呈紫红色，用 EDTA 标准溶液滴定至溶液由紫红色变为纯蓝色为终点，计算 CaO（mg/L）及相对平均偏差。

五、实验数据及结果

表 7–25　EDTA 溶液的标定

记录项目 \ 滴定序号		I	II	III
$CaCO_3$+称量瓶质量（g）	第一次			
	第二次			
$CaCO_3$ 质量（g）				
$V_{Ca^{2+}}$（mL）				
V_{EDTA}（终，mL）				
V_{EDTA}（初，mL）				
V_{EDTA}（mL）				
c_{EDTA}（mol/L）				
c_{EDTA}（mol/L，平均值）				
相对平均偏差（%）				

表 7–26　水的总硬度的测定

记录项目 \ 滴定序号	I	II	III
$V_{水样}$（mL）			
V_{EDTA}（终，mL）			
V_{EDTA}（初，mL）			
V_{EDTA}（mL）			
c_{CaO}（mg/L）			
c_{CaO}（mg/L，平均值）			
相对平均偏差（%）			

思考题

测定的水样中若含有少量 Fe^{3+}、Al^{3+}时，对终点会有什么影响？如何消除其影响？

实验十五　水体化学需氧量（COD）的监测

一、实验目的

1. 掌握酸性高锰酸钾法监测水体 COD 的方法。
2. 了解测定 COD 的意义。

二、实验原理

化学需氧量（COD）系指适当氧化剂处理水样时，水样中需氧污染物所消耗的氧化剂的量。通常以相应的氧量（单位为 mg/L）来表示。COD 是表示水体或污水污染程度的重要综合性指标之一，是环境保护和水资源控制中经常要测定的项目。COD 值越高，说明水体污染越严重。COD 的测定分为酸性高锰酸钾法、碱性高锰酸钾法和重铬酸钾法，

本实验采用酸性高锰酸钾法。方法原理是：在酸性条件下，向被测水样中定量加入高锰酸钾溶液，加热水样，使高锰酸钾与水样中有机污染物充分反应，过量的高锰酸钾则加入一定量的草酸钠还原，最后用高锰酸钾溶液返滴过量的草酸钠。由此计算出水样的耗氧量。反应方程式为：

$$2MnO_4^- + 5C_2O_4^{2-} + 16H^+ = 2Mn^{2+} + 10CO_2 + 8H_2O$$

三、试剂与仪器

1. 试剂

（1）$Na_2C_2O_4$（固体，分析纯，105～110℃烘干 2 h，干燥器中冷却至室温）；

（2）草酸钠标准溶液（0.01 mol/L：准确称取基准物质 $Na_2C_2O_4$ 0.4 g 左右，称准重 0.000 1 g，溶于蒸馏水中，定量转移至 250 mL 容量瓶中，稀释至刻度、摇匀，计算其浓度）；

（3）$KMnO_4$（固体，分析纯）；

（4）$AgNO_3$ 溶液（10%）；

（5）硫酸（1:2）。

2. 仪器

（1）酸式滴定管（50 mL）；

（2）锥形瓶（250 mL）；

（3）烧杯（400 mL）。

四、实验步骤

1. 0.02 mol/L $KMnO_4$ 标准溶液的配制和标定

（1）配制：用台秤称取 1.7～1.8 g $KMnO_4$ 固体，溶在煮沸的 500 mL 蒸馏水中（不能直接把 $KMnO_4$ 固体投入正在沸腾的水中，这样会产生爆沸现象，应将水稍冷却后再放入 $KMnO_4$ 固体），保持微沸约 1 h，静置冷却后用倾斜法倒入 500 mL 棕色试剂瓶中，不能把杯底的棕

色沉淀倒进去。标定前，其上层的溶液用玻璃砂芯漏斗过滤。残余溶液和沉淀则倒掉。把试剂瓶洗净，将滤液倒回瓶内，摇匀。

（2）标定：用减量法准确称取110℃烘干过的$Na_2C_2O_4$ 0.15～0.20 g 3份分别置于400 mL烧杯中，用80～90 mL水溶解后，加20 mL 1∶5 H_2SO_4，将溶液加热至75～85℃左右，趁热用$KMnO_4$溶液滴定（第一滴$KMnO_4$加入后褪色缓慢，要等褪色后再加入第二滴，在滴定过程中，温度不要低于70℃，故可边加热边滴定，直至加入一滴$KMnO_4$溶液微红色30 s内不消失为终点。滴定前加几滴 $MnSO_4$ 溶液，Mn^{2+}对滴定反应产生催化作用，接近终点时，紫红色褪去很慢，应减慢速度，同时充分摇动，以防超过终点），记下$KMnO_4$溶液的体积，计算$KMnO_4$溶液的浓度和相对平均偏差（%）。

2. 0.005 mol/L $KMnO_4$标准溶液的配制

将0.02 mol/L $KMnO_4$标准溶液稀释4倍，即成0.005 mol/L $KMnO_4$。

3. 水样的测定

吸取水样适量（体积V_s）3份，分别置于250 mL锥形瓶中，补加蒸馏水100.00 mL，加10.00 mL H_2SO_4溶液（1∶2），再加入2 mL $AgNO_3$溶液以除去水样中的Cl^-（当水样Cl^-浓度很小时，可以不加$AgNO_3$），摇匀后准确加入10.00 mL $KMnO_4$溶液（0.005 mol/L）。将锥形瓶置于沸水浴中加热30 min，使其还原性物质充分被氧化，取出稍冷后（80℃），准确加10.00 mL $Na_2C_2O_4$溶液（0.01 mol/L），摇匀（此时溶液应为无色），保持温度在75～85℃，用0.005 mol/L $KMnO_4$标准溶液滴定至微红色（30 s内不褪色）为终点，记下消耗的$KMnO_4$标准溶液的用量V_1。

4. 空白试验

移取蒸馏水100.00 mL，H_2SO_4溶液（1∶2）10 mL，至于250 mL锥形瓶中，加热至75～85℃，用0.005 mol/L $KMnO_4$溶液滴定至微红色（30 s内不褪色为终点），记下消耗的$KMnO_4$溶液体积为V_2。

5. $KMnO_4$溶液与$Na_2C_2O_4$溶液的换算系数K

移取蒸馏水100.00 mL，H_2SO_4溶液（1∶2）10 mL，至于250 mL锥形瓶中，加入$Na_2C_2O_4$标准溶液10.00 mL，摇匀，加热至75～85℃，用0.005 mol/L $KMnO_4$溶液滴定至微红色（30 s内不褪色为终点），记下消耗的$KMnO_4$溶液体积为V_3。

$$\text{换算系数}\ K=\frac{10.00}{V_3-V_2}$$

水样中化学需氧量COD值按下式计算：

$$COD\text{（Mn）}=\frac{\left[(10.00+V_1)K-10.00\right]\times c_{Na_2C_2O_4}\times 16.00\times 10\,000}{V_s}$$

式中：16.00为氧的相对原子质量。

注：（1）在实际测定中，氧化剂种类、浓度和氧化条件对测定结果均有影响，所以必须严格按规定操作步骤进行测定，并在报告结果时注明所用方法。

（2）取水样量可根据水质污染程度而定，污染较严重的水样一般取10～30 mL，然后加蒸馏水。

五、实验数据及结果

表 7-27　0.02 mol/L $KMnO_4$ 溶液的标定

记录项目＼滴定序号		I	II	III
$Na_2C_2O_4$＋称量瓶质量（g）	第一次			
	第二次			
$Na_2C_2O_4$ 质量（g）				
V_{KMnO_4}（终，mL）				
V_{KMnO_4}（初，mL）				
V_{KMnO_4}（mL）				
c_{KMnO_4}（mo/L）				
c_{KMnO_4}（mol/L，平均值）				
相对平均偏差（%）				

表 7-28　水样的测定

记录项目＼滴定序号	I	II	III
V_s（水样，mL）			
V_{KMnO_4}（0.005 mol/L，mL）			
$V_{Na_2C_2O_4}$（0.005 mol/L，mL）			
V_{KMnO_4}（终，mL）			
V_{KMnO_4}（初，mL）			
V_{KMnO_4}（mL）			
COD			
COD（平均值）			
相对平均偏差（%）			

思考题

1. 哪些因素影响 COD 的测定？为什么？
2. 水中化学需氧量的测定为什么采用返滴定的方式？

第三篇

环境生物学监测实验技术

第八章 环境生物学监测实验基础知识

一、玻璃器皿的清洗及灭菌

1. 玻璃器皿的清洗

干净合格的玻璃器皿，是获得可靠准确实验数据的前提。玻璃器皿的清洗是实验前必须做的准备工作，也是一项技术性工作。要根据分析任务的不同要求、污染物的性质以及污染程度等选择适当的玻璃器皿清洗方法，但至少都应达到玻璃器皿内壁能被水均匀润湿，并且倾去水后器皿内壁上不挂水珠的程度。

（1）新购置的玻璃器皿，内外表面都会附着游离碱，要先在稀盐酸（2%）中浸泡 12 h，然后用自来水涮洗干净，最后用蒸馏水润洗 3 次。

（2）对于一般只沾染了可溶污物、其他不溶性杂质以及尘土的玻璃器皿，可用自来水冲洗后，再用毛刷仔细刷净器皿内外表面，尤其要注意器皿的磨砂部分，然后再用自来水冲洗残留的污物，最后用蒸馏水润洗 3 次。

（3）对于含有油脂的玻璃器皿，应先去脂，再洗涤。首先进行高压灭菌，然后趁热将油脂倒出，再置于烘箱中于 100℃条件下烘烤半小时，之后置于碳酸氢钠水溶液（5%）中煮沸，达到去脂的目的。再用毛刷蘸取去污粉或热肥皂水仔细刷净玻璃器皿内外表面，进行常规洗涤。

（4）对于沾有油污、有机物的玻璃器皿，可先用自来水冲洗，然后用毛刷蘸取去污粉或热肥皂水仔细刷净内外表面，刷洗时注意把器皿内残留的水倒掉，以免影响去污粉或热肥皂水的清洁能力。刷洗干净后再用自来水冲洗，去除残留物（污物、去污粉或热肥皂水）。最后用蒸馏水润洗 3 次。

（5）对于不易清洗的移液管、滴定管、滴管等细长的玻璃器皿，或是沾有难清洗污物的玻璃器皿，可用铬酸洗液进行清洗。

①洗液的配制：准确称取 20 g 重铬酸钾放入大烧杯中，然后缓缓加入 40 mL 蒸馏水，加热使其溶解。冷却后，将 360 mL 浓硫酸缓慢加入，边加边搅拌。冷却后转入棕色试剂瓶中备用。注意：试液的加入顺序，千万不可将重铬酸钾溶液加入浓硫酸中；如试液呈绿色，可再加入浓硫酸将三价铬氧化后继续使用。

②洗涤：先用自来水冲洗，再用毛刷刷洗器皿内外表面，之后倒掉器皿内残留的水以保证洗液的清洁能力。在器皿内倒入适量洗液，通过缓慢转动玻璃器皿的方法使器皿内壁完全

被洗液浸润，然后将洗液倒回试剂瓶以备再用。必要时可用洗液将玻璃器皿进行浸泡，去污。用自来水冲洗干净玻璃器皿上残留的洗液以及污物。最后用蒸馏水润洗 3 次即可。

（6）对于培养过细菌的玻璃器皿，要先进行高压蒸汽灭菌，然后趁热将培养基倒出，之后再用毛刷蘸取去污粉或热肥皂水刷洗，再用自来水冲洗，去除残留物，最后用蒸馏水润洗 3 次。

2. 玻璃器皿的灭菌

（1）灭菌锅灭菌

用灭菌锅进行的高压蒸汽灭菌是最常用的灭菌方式，在操作过程中首先要保证灭菌锅内有适量的水，再有灭菌锅内不能塞得过紧，以保证锅内温度的均匀。灭菌过程中，要不时进行查看，以便及时发现问题并解决。灭菌完毕后，必须待灭菌锅压力降至足够低的数值时，方可打开灭菌锅盖取出灭菌器皿，以免发生危险。通常情况下，可对玻璃器皿进行自然晾干。在白搪瓷盘内铺两层干净的滤纸，然后将洗净的器皿倒置在滤纸上，对倒置后不稳定的器皿可放在仪器架上晾干。如玻璃器皿急需使用，可用吹风机进行吹干，可以用冷风或热风，还可以选用不同的风速。

（2）干热灭菌

干热灭菌是另外一种常用的灭菌方式，将玻璃器皿均匀摆放在烘箱内，关闭箱门，然后在 160℃条件下，烘烤 2 h，即可达到灭菌效果。灭菌 2 h 后，关闭电源，进行降温，温度降至 50℃以下时即可开门取物。同时这也是一种玻璃器皿的干燥方式。

二、溶解氧的测量

1. 碘量法

（1）原理

碘量法的基础是水中溶解氧所具有的氧化性。在水样中加入硫酸锰和碱性碘化钾溶液，如水中溶解氧充足，水中的溶解氧会将低价的锰氧化成高价的锰，生成四价锰的氢氧化物沉淀，此沉淀为棕色。当加酸后，四价锰的氢氧化物沉淀溶解产生的高价锰，又可与碘离子反应而释放出与溶解氧等当量的游离碘。以淀粉作为指示剂，用硫代硫酸钠标准溶液滴定释放出的游离碘，再根据滴定溶液的消耗量即可计算出溶解氧的含量。

（2）仪器与试剂

①仪器：碘量瓶（250～300 mL）、滴定管、移液管、量筒、三角瓶。

②试剂

a. 硫酸锰溶液：准确称取 480 g 硫酸锰（$MnSO_4 \cdot 4H_2O$）先溶于少量水中，再加水稀释定容至 1 000 mL。对此溶液的要求为：将其加至酸化过的碘化钾溶液中后，遇淀粉不得变蓝。

b. 碱性碘化钾溶液：准确称取 500 g 氢氧化钠，并将其溶解于 300～400 mL 蒸馏水中。再称取 150 g 碘化钾，并将其溶解于 200 mL 蒸馏水中。等到氢氧化钠溶液冷却后，将上述两种溶液混合，摇匀，再加蒸馏水稀释至 1 000 mL。如果所配制的溶液有沉淀生成的话，则需要放置过夜后，将上层清液倾出，然后贮于棕色瓶中备用。对此溶液的要求为：此溶液酸化后，遇淀粉不得变蓝。

c. 1:5 硫酸溶液：量取 100 mL 浓硫酸，然后将其徐徐加入 500 mL 蒸馏水中，并混合均匀。

d. 1%（*m*/*V*）淀粉溶液：准确称取 1 g 可溶性淀粉，先加入少量蒸馏水调成糊状，再加入刚煮沸的蒸馏水冲稀至 100 mL。待淀粉溶液冷却后加入 0.4 g 氯化锌进行防腐。

e. 浓硫酸。

f. 0.025 0 mol/L（$1/6K_2Cr_2O_7$）重铬酸钾标准溶液：先将适量重铬酸钾置于 105～110℃条件下烘干 2 h，然后准确称取冷却的重铬酸钾 1.2258g，并将其溶于少量水中，再将其转移入 1 000 mL 容量瓶中定容，并摇匀。

g. 硫代硫酸钠溶液：准确称取 6.2 g 硫代硫酸钠（$Na_2S_2O_3 \cdot 5H2O$）溶于煮沸并冷却的蒸馏水中，再加入 0.2 g 无水碳酸钠，之后转移入 1 000 mL 容量瓶中定容，并摇匀。然后将溶液贮存于棕色瓶中，使用前用 0.0250mol/L 的重铬酸钾标准溶液进行标定。标定方法如下：

量取 100 mL 水，并称取 1 g 碘化钾加入 250 mL 碘量瓶中，再加入 10 mL 0.025 0 mol/L 的重铬酸钾标准溶液，以及 5 mL 1:5 的硫酸溶液，闭塞并充分摇匀后，置于暗处静置 5 min。然后用待标定的硫代硫酸钠溶液进行滴定，滴定至溶液呈淡黄色时，再加入 1 mL 淀粉，然后继续滴定至蓝色刚褪去时止，记录下用量。然后按下式即可计算出硫代硫酸钠的摩尔浓度：

$$\text{硫代硫酸钠摩尔浓度} = \frac{0.0250 \times 10.00}{\text{滴定时所用的硫代硫酸钠溶液的体积}}$$

（3）测定

①用虹吸法将待测的水样注满碘量瓶，然后立即将瓶塞盖紧，注意在采集水样的过程中要尽量避免曝气充氧，并严防瓶中进入气泡。

②一般在取样现场即进行溶解氧的固定。具体步骤如下：打开瓶塞，用移液管插入液面下，加入 1.0 mL 硫酸锰溶液以及 2.0 mL 碱性碘化钾溶液。小心盖好瓶塞，防止产生气泡。然后将瓶颠倒混合摇匀数次后，静置。待棕色沉淀物下降至瓶内一半时，再进行一次颠倒混匀，使溶解氧得到固定。

③待棕色沉淀物下降到瓶底后，打开瓶塞，并立即用移液管插入液面下加入 2.0 mL 浓硫酸。然后盖好瓶塞，将瓶颠倒混合摇匀，至沉淀全部溶解为止，最后将其放置于暗处静置 5 min。此时为黄色或棕色的澄清溶液。

④用移液管吸取两份 100 mL 上述溶液，放置于 250 mL 三角瓶中，然后用硫代硫酸钠标准溶液滴定至溶液呈淡黄色时，再加入 1 mL 淀粉溶液，然后继续滴定至蓝色刚褪去为止，记录下硫代硫酸钠标准溶液的用量。

计算：

$$\text{溶解氧}\ (O_2, \text{mg/L}) = \frac{c \times V \times 8 \times 1\,000}{100}$$

式中：c 为硫代硫酸钠标准溶液的摩尔浓度，mol/L；

V 为滴定时，硫代硫酸钠标准溶液的用量，mL。

注意事项：

①如水样中含有过量的 Fe^{3+}（浓度达到或超过 100～200 mg/L），可通过加入 1 mL 40%

氟化钾溶液的方式来消除干扰。

②如水样中含有亚硝酸盐也会对测定产生干扰，可以预先将叠氮化钠加入碱性碘化钾溶液中，通过此方式分解水样中的亚硝酸盐而消除干扰。

③如水样的酸性或碱性过强时，可先加入氢氧化钠或硫酸对溶液的 pH 进行调整，调至中性后再进行测定。

④如水样中氧化性物质的含量较高，如游离氯的浓度高于 0.1 mg/L 时，可以通过预先加入硫代硫酸钠溶液的方式进行去除。

先取一瓶水样，向其中加入 5 mL 1:5 硫酸和 1 g 碘化钾，摇匀，此时有游离碘析出，然后用硫代硫酸钠标准溶液进行滴定，滴定至淡黄色后，再加入 1 mL 淀粉溶液，继续滴定至蓝色刚刚褪去为止，记录下用量。在待测的另一瓶水样中，加入同样量的硫代硫酸钠标准溶液，摇匀后，按操作步骤测定溶解氧。

2. 溶氧仪法

溶氧仪方便用户携带到现场进行操作。

（1）JPB-607 型便携式溶氧仪的使用：

①首先将电极插头插入“电极插口”内，并将仪器的“测量/调零电源开关”调至“测量”挡，“溶氧/温度测量选择开关”调至“溶氧”挡，“盐度校准旋钮”

向左旋至最低（0 g/L）。

②打开仪器，并预热 5 min 后，将电极放入新鲜配制的 5%亚硫酸钠溶液中浸泡 5 min，等到读数稳定后，调节“调零旋钮”使仪器显示为零。

③将电极从溶液中取出，用蒸馏水冲洗干净，之后用滤纸吸干电极薄膜表面的水分，然后在空气中待读数稳定后，调节“跨度校准旋钮”，将读数指示值调至纯水在此温度下的饱和溶解氧值。

④重复上述步骤②③的操作。

⑤然后将电极浸入待测水样中，此时仪器显示的读数即为待测水样的溶解氧值。

⑥如果待测水样含有一定盐度，测量时应进行盐度校准，按步骤②③的操作校准好仪器后，将待测水样的盐度换算成 g/L 单位表示，将“盐度校准旋钮”旋至相应位置，盐度校准完成后，即可测量水样的溶解氧值。此时，仪器的显示值即为水样在该盐度下的溶解氧值。

（2）溶氧仪校准方法的讨论

①空气校准法

当水体中的溶解氧达到饱和时，液相中的氧分压等于液相上面气体的氧分压，也就是，当达到平衡状态时，由液面上空气进入水中氧的速率，与水中逸回到空气中氧的速率是相等的。氧电极是氧分压敏感元件，因此电极浸入水相或水相上面的空气中，都会产生相等的电流，此即空气校准技术的原理。

②化学法

先用化学法取样分析水样的溶解氧含量，然后将电极浸入水样中，并以化学法测得的值为标准对仪器的读数进行校准。

③空气饱和水校准法

当气压和温度一定时，水体中的饱和溶解氧也为一定值，据此，可用经过空气饱和的水对仪器进行校准。用空气泵连续向盛有蒸馏水的容器中鼓气一小时以上，在鼓气过程中将电极放入，并不断用机械搅拌水体。测定水温，按各温度下的饱和溶解氧值来校准仪器。

表 8-1 不同温度和氯化物浓度水中的饱和溶解氧含量值

T（℃）	c_s（mg/L）	Δc_s（mg/L）	T（℃）	c_s（mg/L）	Δc_s（mg/L）
0	14.64	0.092 5	20	9.08	0.048 1
1	14.22	0.089 0	21	8.90	0.046 7
2	13.82	0.085 7	22	8.73	0.045 3
3	13.44	0.082 7	23	8.57	0.044 0
4	13.09	0.079 8	24	8.41	0.042 7
5	12.74	0.077 1	25	8.25	0.041 5
6	12.42	0.074 5	26	8.11	0.040 4
7	12.11	0.072 0	27	7.96	0.039 3
8	11.81	0.069 7	28	7.82	0.038 2
9	11.53	0.067 5	29	7.69	0.037 2
10	11.26	0.065 3	30	7.56	0.030 2
11	11.01	0.063 3	31	7.43	
12	10.77	0.061 4	32	7.30	
13	10.53	0.059 5	33	7.18	
14	10.30	0.057 7	34	7.07	
15	10.08	0.055 9	35	6.95	
16	9.86	0.054 3	36	6.84	
17	9.66	0.052 7	37	6.73	
18	9.46	0.051 1	38	6.63	
19	9.27	0.049 6	39	6.53	

表 8-1 中，T 为温度，℃；c_s 为饱和溶解氧值，mg/L；Δc_s 为进行校准时，每升每克盐浓度要减去的数值，mg/L。

三、pH 的测量

1. pH 试纸法

用 pH 试纸测定 pH 是采用“纸上滴液，比色定值”的方式。首先，取一块干净且干燥的玻璃板，在玻璃板上铺一张白纸以使显色更加明显，然后放一片干燥的 pH 试纸，用玻璃棒蘸取待测液滴加到试纸上，待试纸变色后，把试纸显示的颜色与标准比色卡进行对照，即可得出待测液的 pH。

2. pH 计法

用 PHSJ-3F 型 pH 计测定 pH 的具体步骤如下：

（1）在进行测量前，应首先将待测溶液进行充分搅拌，然后使溶液静置，准备测定。

（2）对 pH 计进行校准

①一点校准法

一点校准法即只采用一种 pH 标准缓冲溶液对 pH 计进行校准，此方法适用于测量精度要求不高的情况下，来简化操作。具体步骤如下：

a. 将 pH 电极和温度传感器分别插入测量电极插座和温度传感器插座内，然后将该电极用蒸馏水清洗干净，吸干黏附的水，并放入 pH 标准缓冲溶液 A 中（规定的五种标准缓冲溶液中的任一种）。

b. 在仪器处于任何一种工作状态下，按“校准”键，仪器即进行校准工作状态，此时仪器会显示当前的 pH 值和温度值。

c. 当显示屏上的 pH 读数稳定后，按“确认”键，仪器校准完毕。

②两点校准法

两点校准法是为了保证 pH 测量的精度，即选用两种 pH 标准缓冲溶液对 pH 计进行校准，具体操作步骤如下：

a. 在完成一点校准后，将电极取出，然后用蒸馏水清洗干净，吸干黏附的水，放入 pH 标准缓冲溶液 B 中。

b. 再按“校准”键，仪器进入两点校准工作状态，仪器会显示当前的 pH 值和温度值。

c. 当显示屏上的 pH 读数稳定后，按“确认”键，仪器完成两点校准。

（3）pH 测量

校准完成后，按“pH”键，使仪器进入测定 pH 的工作状态。然后将电极取出，用蒸馏水清洗干净，吸干黏附的水，放入待测溶液中，此时仪器会显示待测溶液的 pH 值和温度值。待读数稳定后，读取 pH 值。

在每次 pH 值测定前、后，都要对电极进行彻底清洗，以防测定溶液中的物质黏附在电极上，影响 pH 值测定的准确性。

（4）结束测量

测定完毕后，先将电极冲洗干净，然后套上电极保护套，电极套内放入少量 3 mol/L 的 KCl 外参比补充液，以保持电极球泡的湿润，千万不能将其浸泡在蒸馏水中。

（5）pH 标准缓冲溶液的配制

①pH＝1.68 的标准缓冲溶液：准确称取 GR 草酸氢钾 12.61 g，然后溶于 1 000 mL 重蒸水中。

②pH＝4.00 的标准缓冲溶液：准确称取 GR 邻苯二甲酸氢钾 10.12 g，然后溶于 1 000 mL 重蒸水中。

③pH＝6.86 的标准缓冲溶液：准确称取 GR 磷酸二氢钾 3.387 g、GR 磷酸氢二钠 3.533 g，然后溶于 1 000 mL 重蒸水中。

④pH＝9.18 的标准缓冲溶液：准确称取 GR 四硼酸钠 3.80 g，然后溶于 1 000 mL 重蒸水中。

⑤pH＝12.46 的标准缓冲溶液：将过量的氢氧化钙粉末（大于 2 g）加入盛有（约 5～10 g/L）重蒸水的聚乙烯瓶中，剧烈振荡 30 min，然后取上清液。

四、普通光学显微镜的构造和使用

1. 光学显微镜的构造

显微镜的构造分为两大部分：机械部分和光学部分。

（1）机械部分

①镜筒：镜筒上端装有目镜，下端装有物镜转换器。其主要作用是安放目镜和保持象的光亮度。

②物镜转换器（旋转器）：是位于镜筒下方的可以转动的圆盘，圆盘上通常有3～4个圆孔，装有3～4个不同放大倍数的物镜，通过转动转换器，即可调换不同倍数的物镜。当在转动过程中听到碰叩声时，说明光路接通，才可进行观察。

③载物台：位于物镜转换器的下方，是方形或圆形的平台，用来放置玻片标本。其中央有一通光孔，通光孔两旁有一对金属弹簧夹，用来夹持玻片标本。通光孔后侧装有玻片标本推进器（推片器），在镜台下装有推进器调节轮，可使玻片标本作前后左右方向的移动。

④调节螺旋：是安装在镜柱上的一对粗、细调节螺旋，当对其进行调节时可使镜台作上、下方向上的移动。

粗调节螺旋：大的为粗调节螺旋，移动时可使镜台作较大幅度的升降，能迅速调节物镜与标本之间的距离，找到合适的焦距，使物像呈现于视野之中。通常情况下在使用低倍镜时，要先用粗调节螺旋找到物像。

细调节螺旋：小的为细调节螺旋，移动时可使镜台作较小幅度地升降。通常在运用高倍镜时使用，以找到清晰的物像，从而可以观察标本的不同层次、深度的结构。

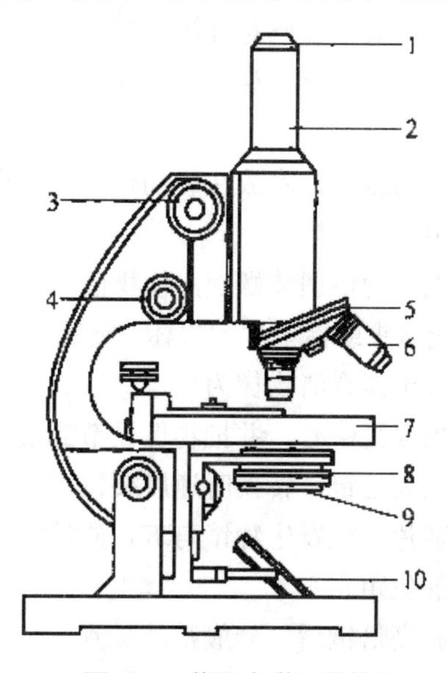

图8–1　普通光学显微镜结构

1—目镜；2—镜筒；3—粗调节螺旋；4—细调节螺旋；5—物镜转换器；6—物镜；7—载物台；8—光源；9—聚光器；10—反光镜

（2）光学部分

①目镜：由两块透镜组成，安装在镜筒的上端，通常备有 3 个不同放大倍数的目镜，上面刻有 5×、10×、15×符号来表示其放大倍数，可以根据需要更换使用，通常使用的是 10×的目镜。

②物镜：由数组透镜组成，安装在镜筒下端的旋转器上，通常有 3～4 个物镜，通常把放大倍数在 10 以下的物镜称为低倍镜；放大倍数为 20 倍的称为中倍镜；放大倍数为 40～65 的称为高倍镜；放大倍数为 90～100 的称为油镜。此外，通常会在高倍镜以及油镜上加一圈不同颜色的线，来加以区别。

目镜与物镜都是用来扩大物像的，物镜会对标本进行第一次放大，目镜会将第一次放大的物像进行第二次放大，显微镜的放大倍数是物镜放大倍数与目镜放大倍数的乘积，例如物镜放大倍数为 10×，目镜放大倍数为 10×，则其放大倍数就为 10×10=100 倍。

③聚光器：位于载物台下方的集光器架上，由聚光镜、光圈两部分组成，可以把光线集中到观察的标本上。其中聚光镜由几片透镜组成，起聚光的作用，能加强对标本的照明。在聚光镜下方附有虹彩光圈，由若干张金属薄片组成，其外侧有一操纵杆，移动它可以调节光线的强弱。

④反光镜：安装在镜座上，有平、凹两面，可以翻转，其作用是将光源的光线反射到聚光器上，凹面镜聚光力较强，多在光线较弱的时候使用，平面镜聚光力较弱，多在光线较强的时候使用。

2. 显微镜的使用

（1）显微镜的取放：从柜中取出显微镜时，要右手紧握镜臂，左手托住镜座，将显微镜轻轻放置在自己左前方的实验台上，并使其距桌边 3～4 cm，便于操作。

（2）对光：用显微镜进行观察时，要先在低倍镜下找到物像。用拇指和中指转动物镜转换器，当听到碰叩声时，说明物镜的低倍镜已对准镜台的通光孔。将反光镜转向光源，并打开光圈，上升聚光器，用左眼在目镜上观察，观察时要保证右眼睁开，同时转动反光镜直到整个视野均匀明亮为止。

（3）放置玻片标本：将制作好的玻片标本放在载物台上，用推进器弹簧夹固定，然后将所要观察的标本调到通光孔的正中。

（4）调节低倍镜焦距：以左手转动粗调节螺旋，使物镜距标本片约 5 mm，在此过程中，一定要从右侧进行观察，避免造成镜头或标本片的损坏。然后，一边用眼在目镜上进行观察，一边缓慢向上转动粗调节螺旋，直至能看清物像为止。

（5）把需进行观察的部分调到视野中心，并把物像调节到最清晰的程度。

（6）转动物镜转换器，调换上高倍镜，转换时速度要慢，并且要从侧面进行观察，使物镜几乎与玻片相接，但不能碰到玻片，如发生物镜与玻片碰撞的情况，则说明低倍镜的焦距没有调好，应重新调节低倍镜下的焦距。

（7）调节高倍镜焦距：转换到高倍镜后，一般都能见到一个不太清楚的物像，此时切勿使用粗调节螺旋，可转动细调节螺旋获得清晰的物像。

3. 测微尺

测微尺分为目测微尺和物测微尺两种。

目测微尺系中央刻有一条 5 mm 或 10 mm 长标尺的圆形玻片，标尺等分为 50 个或 100 个小格，用时将目测微尺装入目镜中。

物测微尺是一片载玻片，中央刻有一条 1 mm 长的标尺，共分为 100 个小格，每小格的长度为 10 μm（0.01 mm）。用时，将物测微尺放置于载物台上。

目测微尺和物测微尺配合使用，先在低倍镜下找到物测微尺的刻度，然后调节显微镜至所需的放大倍数。在所需的放大倍数下，转动目镜使目测微尺的刻度与物测微尺的刻度平行。然后使两尺的部分刻度线重合，即可按下式计算出目测微尺上每一格的长度。目测微尺每一格的长度为已知，即可测定出显微镜视野中物体的大小。

$$\text{目测微尺每格长度（mm）}=\frac{\text{部分重合时物测微尺的格数}\times 0.01}{\text{部分重合时目测微尺的格数}}$$

五、普通培养基的制备

牛肉膏蛋白胨培养基是最普通的细菌培养基，其中含有细菌生长繁殖所需的最基础营养物质。用于细菌的分离、培养以及测数等实验。

1. 培养基的称量

牛肉粉	3 g
蛋白胨	10 g
琼脂	18 g
NaCl	1.5 g

2. 培养基的溶解

在大烧杯中加入 500 mL 水，加热，然后将各原料逐一加入，用玻璃棒搅拌使其溶解。待溶液煮沸后加入琼脂，并不断搅拌使其融化。待全部原料都溶解后补足水分至 1 000 mL，即成所需培养基。

3. 调节 pH

初步配制好的培养基通常不符合所需的 pH 要求，因此需要对 pH 进行调节。可用酸度计或精密 pH 对培养基的 pH 进行测量，如 pH 偏低则用 10% NaOH 进行调节，如 pH 偏高则用 1 mol/L HCl 进行调节。经反复调节至所需 pH。

4. 过滤、分装

先用纱布或棉花对培养基进行过滤，然后根据不同的使用目的将其分装入不同的容器中，分装量要适量。分装时应注意不要使培养基粘在管口，以免浸湿棉塞引起污染造成杂菌生长。通常使用大漏斗对培养基进行分装（图 8-2），大漏斗下口都连接有一段橡皮管，橡皮管上夹一个弹簧夹，橡皮管下面又连有一小段末端开口处略细的玻璃管。在进行分装时，将玻璃管插入试管内，并由弹簧夹控制培养基的加入量。

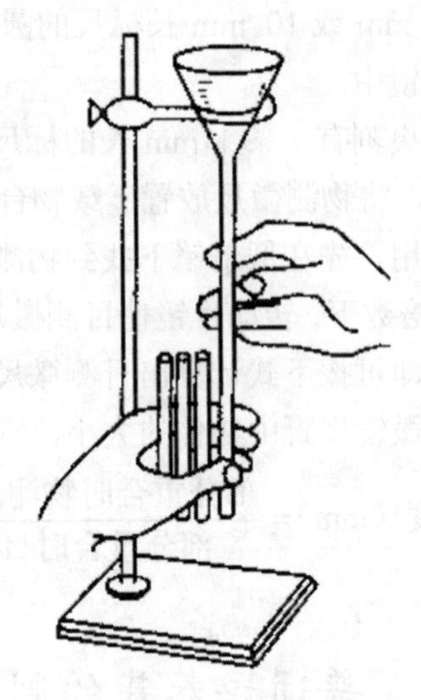

图 8-2 培养基分装装置

（5）培养基包扎和灭菌

培养基分装好后，应塞以大小合适、松紧适度的棉塞，然后立即用牛皮纸或旧报纸将管口、瓶口或试管筐包起来，放入高压灭菌锅进行灭菌。通常于 121℃，1 kg/cm^{2}压力，灭菌 20 min 即可，然后置于冷暗处备用。

（6）平板的制作

先将培养基完全溶化后，降温至 50～55℃，然后，在无菌操作下将培养基倒入平皿内，每皿的培养基倒入量为 15～20 mL，倒好后，平放冷却即可。

六、浮游生物的采集

1. 定量浮游生物网采集

如需采集较浅水体的浮游生物时可用定量浮游生物网。定量浮游生物网由不同孔径的筛绢制成，呈圆锥形，口径为 20 cm，网长为 70 cm。网口用铜环或铝环支撑，网底套有玻璃或金属的盛水器，以用来采集浮游生物。网前端装有一帆布附加套，用以减少浮游生物于网口的损失。采样时间可根据浮游生物的量而定，通常为 10～30 min。采集完成后将网缓缓提起，使水滤出，当所采的浮游生物都聚集于盛水器时，可用玻璃瓶接好，然后打开活塞使采集的标本进入瓶中，备用。若采集水域的水层过浅而不能用网时，可使用容器舀水，然后倒入网中过滤。浮游生物网，在每次用完后都要用清水反复的进行冲洗，待清洗干净后悬挂于阴凉处晾干，然后保存以备下次使用。

2. 采水器采集

如需采集较深水体的浮游生物时，可用采水器。最为简便的为瓶底附有铅块的广口瓶。广口瓶的体积是固定的，可以为 1 000、2 000、3 000、5 000 mL 等各种容量。以便于做定量分析。广口瓶瓶口加橡皮塞，并用一细绳牢牢拴在橡皮塞中间。同时，广口瓶瓶身上系有粗线绳，线绳上有尺度标记。当采水器沉入水中采样时，可将橡皮塞轻轻拉出，水样即进行入瓶中，当瓶中盛满水样后，立即提起采样瓶，然后将采集的水样倒入玻璃瓶中，备用。

将采水器沉入水体哪一深度即可采集哪一水层的水样。具体采水深度及方法可视具体情况而定。

表 8–2　不同深度水体的采水方法

采样水体深度（m）	采样方法
<2	0.5 m 处采水
2～3	分别于 0.5 m 处、底层采水
≥ 3	据具体情况，分层采水

七、底栖动物的采集

1. 定性样品采集

对于一般的浅水域，水深在 50 cm 以内时，可直接用手取出石块、水草等，然后用镊子取下标本。如需采取泥样时，可用铁铲采取或用手抄网直接捞取，然后进行标本检出。如果水深超过 50 cm 时，可用三角拖网进行采集，将三角拖网在水体中拖拉一段距离后，将采集的样本经过 40 目分样筛，挑出标本固定。

2. 定量样品采集

定量采样可较为客观地反映水体底部底栖动物的种类组成及数量，是以每平方米作为单位进行统计。

（1）自然基质采样

直接从自然基质采集底栖动物样品可用多种采样器进行，目前国内比较常用的为 1/16 彼得生采泥器。通常每个采样点采样 2～3 次，以减少因采样点底质的不同，而造成的生物种类和密度上的差异。每次采样的面积为 1/16 m^2。采样时，先打开采泥器，并将提钩挂好，将采泥器缓慢放入水底，之后抖脱提钩，先将采泥器缓缓上提约 20 cm，待采泥器的两页闭合之后，慢慢将其拉出。打开两页，将其中的内容样品倾入桶中。然后过 40 目分样筛后，将含标本的筛内剩余物装入干净塑料袋，带回实验室进行标本的检出及固定。

（2）人工基质采样

直接从自然基质采样会受到一定限制，所以为了统一标准，可采用人工基质法进行采样。将人工基质采样器放入水中，为大型无脊椎动物群落提供栖息场所，栖息于人工基质上的生物多为流水带来的甲壳类、软体动物、腔肠动物、水生昆虫幼虫以及苔藓虫类等。目前较为常用的人工基质采样器为篮式采样器。篮式采样器的结构和形状都是具有一定标准的，最为常用的是直径 18 cm，高 20 cm 的圆柱形铁笼，铁笼用 8 号和 14 号的铁丝编织而成，小孔为 4～6 cm。采样时，首先在笼底铺一层 40 目的尼龙筛绢，然后装入 7～9 cm 长的卵石。通常每个采样点放两个铁笼，并用棉腊绳固定。经过两周后取出，将笼内卵石倒入装有少量水的桶内，并用毛刷刷下所有的底栖动物，过 40 目分样筛后，倒入白磁盘中，然后用肉眼检出可见的标本并进行固定。由于所用的卵石等人工基质也采自水体，同水体天然的基质是相同的，再加上较长时间的收集，较能反映底栖动物的群落组成。

八、低温高速冷冻离心机的使用

低温高速冷冻离心机属于实验室的大型仪器，每次使用前都需征得管理员同意，并对仪器的使用情况进行登记。如发现异常情况应及时停止操作，并向管理员报告。其操作步骤如下：

（1）接通仪器的电源开关，打开离心机顶盖，然后根据所用的离心管型号选择相匹配的转子，如需更换转子时，首先将原有的转子旋下，安全保存，然后将更换的转子用扳手固定在离心机的正确位置上。

（2）在控制面板上，对一系列离心参数，如转速、离心温度以及离心时间等进行设置，并保存。

（3）将离心管对称放入转子内，要保证对称位置的离心管质量是相等的，同时离心管内样品不能装的太满，样品平面要与离心管管口有一定距离，并保持离心管外壁清洁、干燥。

（4）盖上转子盖，并将其旋紧。最后盖上离心机顶盖。然后查看一下参数设置，确认无误后，按“START”键开始离心。

（5）离心机达到设定的转速后，至少平稳运行 5 min，使用者才可以离开。并且在离心过程中，使用者需定期进行察看，以确认仪器运转是否正常。

（6）离心结束，待转子停止运转后，方可打开离心机顶盖，然后旋松转子盖，将离心管取出，放入低温下保存备用。

（7）关闭电源，并对离心机的内、外部分别进行清理，如离心过程中发生漏液情况，必须仔细擦拭干净，并擦净腔体内的冷凝水，待腔体温度与室温相同时将离心机顶盖关闭，并盖上专用的离心机遮布。

九、紫外分光光度计的使用

1. 分光光度计的基本原理

吸光度的测量使用 722N 分光光度计进行，其基本原理是待测溶液中的物质在光的照射激发下，会产生对光的吸收效应，而每种物质对光的吸收都是具有选择性的。不同物质具有各自的吸收光谱，因而当某单色光通过溶液时，光能量就会被吸收而减弱，光能量的减弱程度与物质浓度呈一定的比例关系，也即符合朗伯—比尔定律。

$$A = KcL$$

式中，A 是吸光度；

K 是吸收系数；

c 是溶液的浓度；

L 是溶液的光径长度。

由上式可见，当吸收系数 K、溶液的光径长度 L 不变时，吸光度 A 是随着溶液的浓度而变化的。

2. 分光光度计的使用

（1）使用前先开机预热 30 min，使仪器达到稳定状态。将选择开关置于“T”旋钮。

（2）打开样品室盖，调节透光率“0%T”旋钮至“00.0”。

（3）对波长进行设置，调节波长选择钮至需要的波长。

（4）将装有空白对照的比色杯插入比色槽的正确位置，保证比色杯的透明面正对光路。空白对照应含有除待测物以外的所有其他成分。

（5）盖上样品室盖，调节透光率“100%T”旋钮至“100.0T”。

（6）仪器调透光率 T 为“00.0”和“100.0”后，即可对样品的吸光度 A 进行分析，首先将选择开关置于“A”旋钮，将吸光值调节至“.000”，然后放入待测溶液，此时仪器的显示值即为样品的吸光度值。

（7）测定完毕后，首先打开样品室盖，将比色杯取出，再关闭仪器电源开关，最后切断电源。对比色杯要进行彻底的清洗，并晾干后，再进行保存。

十、血球计数板的构造和使用

1. 血球计数板的构造

血球计数板是一种常见的在显微镜下使用的计数板，是一块特制的厚载玻片。载玻片上有四道沟槽，构成了 3 个平台。中间较宽的平台，由一短横槽均匀分成两半，其上各刻有一个小方格网。每个小方格网又被分为九个方格，位于中央较大的方格用来计数，称为计数区。计数区的刻度通常有两种规格，一种是将计数区分为 16 大格，每大格又分成 25 小格；另一种是先将计数区分成 25 大格，每大格又分成 16 小格。但是不管哪种规格，总数都是 400 个小格。计数区的边长为 1 mm，则每个小格的边长为 0.05 mm，其面积为 0.002 5 mm^2。当盖上盖玻片后，计数区的高度为 0.1 mm，所以每个小格的容积为 0.000 25 mm^3，即 1/4 000 L 或 1/4 000 000 mL（参见图 8-3）。

在进行计数时，需要先计数每个小方格中微生物的数量，然后再换算成每毫升菌液中微生物的数量。

2. 血球计数板的使用

（1）取洁净干燥的血球计数板一块，在计数区加盖一块盖玻片以盖住网格和两边的槽。

（2）若待测菌悬液浓度过高，可加无菌水进行适当稀释，稀释到每小格的菌数可数时即可，以 5～10 个为宜。先将菌悬液进行充分摇匀，然后用吸管吸取少许，由计数板中央平台两侧的槽内或盖玻片边缘加入计数板。待菌悬液由于液体的表面张力充满计数区后，即用吸水纸吸去沟槽中流出的多余菌悬液。最后加盖盖玻片，并对其进行来回推压，使其贴紧计数板，注意此过程中要防止气泡的产生。

（3）静置 5～10 min，待菌体细胞不再漂移，而是已沉降到计数板上。将血球计数板置于载物台上夹稳。在低倍镜下找到计数区后，再转高倍镜进行观察、计数。在计数时要上、下调动细调节螺旋，以观察到小室内不同深度的菌体。

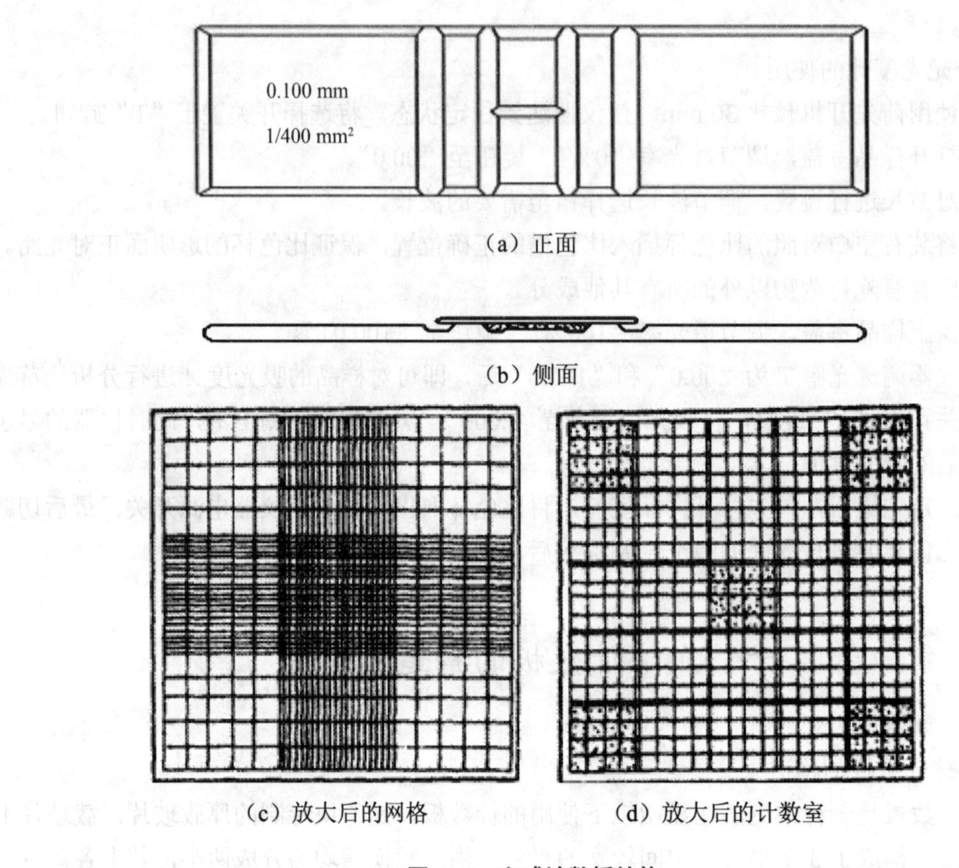

（a）正面

（b）侧面

（c）放大后的网格　（d）放大后的计数室

图 8–3　血球计数板结构

（4）计数时，若计数区的刻度为 25×16，则计数左上、左下、右上、右下四角的 4 个大方格（即 100 小格）的菌数。如使用计数区刻度为 16×25 的计数板，则除计数上述四角的 4 个大方格外，还需计数中央 1 个大方格的菌数（即 80 小格）。

（5）在计数时，为了避免重复计数和漏计，位于格线上的菌体，只数两条边上的，如数上线不数下线，数左线不数右线。其余两边的不做计数。对于酵母菌等出芽的菌体，当芽体等于或大于母细胞大小的一半时，就可作为两个菌体计数。

（6）每个样品需要重复计数 2～3 次，取平均值，然后按公式计算出每毫升菌悬液中所含的菌数。

菌体数（个 / mL）= 每个小格内的平均菌数×4 000 000×稀释倍数

（7）计数完毕，先将盖玻片取下，然后用水将血球计数板冲洗干净。晾干后放入盒内保存，以备下次使用。

十一、人工气候箱的使用

人工气候箱由位于箱内的微电脑系统来控制加热、制冷以及雾化过程，从而达到所需温湿度。并由光照度控制器来控制光照量，来达到所需光照度。并据此达到恒温、恒湿及所需光照的目的。其操作步骤如下：

（1）将超声雾化器取下，往水槽中加入纯净水，切不可用自来水，然后将超声雾化器安装在原位，并将气雾连接管插在超声雾化器的出口处。最后将超声雾化器的电源插在加湿器控制插座上，使其与主机连接。

（2）打开电源开关，稳定一段时间后，进行温度、湿度以及光照时间的设定。

①温度设定：按 SET 键，进入 SV 设置状态，之后下面显示窗中的温度数字开始闪动，但其中的末位数字是不闪动的，然后按＜键或＞键，将不闪动数字移至需要设定的位数上，再按∨或∧键改变温度至所需温度，最后按 SET 键存储设定值。此时上面的显示窗显示实际的温度，而下面的显示窗则显示设定温度。

②湿度设定：按 SET 键，进入 SV 设置状态，之后下面显示窗中的湿度数字开始闪动，但其中的末位数字是不闪动的，然后按＜键或＞键，将不闪动数字移至需要设定的位数上，再按∨键或∧键改变湿度至所需数值，最后按 SET 键存储设定值。此时上面显示窗显示实际湿度值，下面显示窗则显示设定的湿度值。

③光照定时设定：按 SET 键，即进入定时设置状态，此时上面显示窗中的时间数字开始闪动，然后按＜键或＞键，将闪动数位移至所需的位置，再按∨键或∧键改变时间至所需数值，分别将开和关的时间设置好，最后按 SET 键存储设定值。

仪表下面显示光照强度，按∨键或∧键对光照强度进行调节。

第九章　水生生物学监测实验

实验一　湖泊初级生产力的监测

一、实验目的

1. 掌握 ^{14}C 法测定水体初级生产力的具体方法与基本实验技术。

2. 通过对水体初级生产力的测定，监测、评价被测水体富营养化的水平，并了解被测水体生态系统的特征。

二、实验原理

初级生产力，即自养生物通过光合作用或化学合成制造有机物的速率。既是食物链中最基础的环节，也是反映生态系统生产潜力的基本参数。对于水体生态系统来说，初级生产力不仅会决定系统的溶解氧状况，还会直接或间接地影响生物的生存以及水体的生物-化学过程。

植物在进行光合作用的过程中所固定的碳，有一部分会同时被呼吸作用所消耗。用 ^{14}C 法测定的是光合作用过程中固定的，再扣除呼吸作用消耗以后的碳量，即净初级生产力。

此法是基于藻类对碳元素的固定速率，因而可排除呼吸作用的干扰。另外，此方法较为灵敏，对低产水域的监测更具有特殊意义。此法是将已知剂量的 ^{14}C 加入水样中。并在培养前对水样的 $^{12}CO_2$ 总量进行测定，从而得到 ^{12}C 与 ^{14}C 之比。然后对水样进行培养，培养一定时间后，测定藻类通过光合作用摄取的 ^{14}C 的量，按照 ^{12}C 与 ^{14}C 之比就能求出藻类在培养期间所摄取的实际碳量，此值即可表示浮游植物的生产量，即净初级生产力。

三、实验仪器、药品与试剂

1. 仪器

U-7 型多项水质监测仪、Beckman 9800 型液体闪烁计数仪、采水器、滤器及滤膜、微型注射器、干燥器（带浓盐酸）、酸式滴定管、盘尼西林瓶、溶解氧瓶（300 mL，4 个）、塑料计数瓶若干、膜式泵、三角瓶（250 mL，2 个）

2. 药品

$Na_2{}^{14}CO_3$ 储备液、闪烁液（EP 及 PPO 甲苯溶液）、浓盐酸（HCl）、1 mol/L 盐酸、氯化

钠（NaCl）、氢氧化钠（NaOH）。

3. 试剂

碱液：先配制 5%（*W*/*V*）的 NaCl 溶液，然后每升此溶液加入 0.3 g 无水 Na_2CO_3 及 0.2 g NaOH 即可。

四、实验步骤

1. 同位素工作液的配制

取 1 mL 储备液于盘尼西林瓶中，再加入 1 mL 碱液，用 1 mol/L HCl 将 pH 调至 6，使成为 $NaH^{14}CO_3$ 溶液，此即工作液。为防止溶液撒漏而造成放射性污染，储备液及工作液的瓶口都用橡皮膏封严，置于冰箱中 20℃条件下保存，备用。

2. 水样的培养

于早上 9 点采集水体 0.5 m 深处的水样，装入预先用酸处理过的 300 mL 溶解氧瓶（一黑一白），用微型注射器各加入 500 μL 工作液，摇匀后取出 1 mL 放入计数瓶内，以备计数，测定初始放射性强度。然后立即将溶解氧瓶放入水中的取水深度，培养 24 h 后，取出进行放射性测定。培养前另取 300 mL 水样，用以测定水体中 CO_2 的含量。

3. 培养后水样的处理

培养 24 h 后取出溶解氧瓶，将其中白瓶内的水立即转入一个黑瓶，以防止光合作用的继续进行。取 25 mL 培养后的水，用孔径为 0.45 μL 的微孔滤膜进行抽滤（抽滤时滤器也需要用黑布套上），以将浮游植物从水中分离出来。将此滤膜转移到放有浓 HCl 的干燥器内，熏半小时以除去附着在藻体上未被吸收的 $NaH^{14}CO_3$。取出后，将膜放入计数瓶内，以备计数。

在培养过程中，藻类细胞的代谢产物以及破碎的藻类细胞，都可能向水中释放出含有 ^{14}C 的有机物质。这部分 ^{14}C 也是经光合作用而被藻类固定的，也是初级生产量的一部分，在测定时不容忽视。测定这部分被固定的 ^{14}C 的方法是，在培养水内加入一滴浓 HCl，调 pH=3，再通入空气将未被利用的无机 ^{14}C 除掉，取 1 mL 计数。

4. 放射性测定

对于固体被测物（滤膜），加入 10 mL PPO-甲苯闪烁液，而液体样品则加入 10 mL EP 闪烁液，摇匀。12 h 后一并放入 Beckman 9800 型液体闪烁计数仪进行计数。计数时间为 1 min，重复计数 3 次，计数单位为 dpm。

5. 水体中 CO_2 浓度的测定及初级生产量的计算

将取来的 300 mL 水样，先用 pH 计测定其 pH，然后用滴定法测其总碱度。总碱度的测定方法是，取 100 mL 培养前的水样，放入 250 mL 三角瓶内，加入 3 滴酚酞，用 0.1 mol/L HCl 滴定至终点，记下 HCl 用量为 P，再加入 3 滴甲基橙，继续滴定至终点，记下 HCl 用量为 M。$P+M=T$。

$$\text{总碱度(mg / L)} = \frac{T \times N \times 1\,000}{V}$$

式中：N 为标准 HCl 的浓度（经 Na_2CO_3 标定），mol/L；

V 为水样体积，mL。

由测得的 pH 及总碱度，即可通过下式计算得出水样所含 CO_2 的浓度：

$$CO_2(\text{mg/L}) = 9.7\times10^{-pH}\times\frac{\dfrac{\text{总碱度}}{50\,000}+10^{-pH}-\dfrac{10^{-14}}{10^{-pH}}}{1+\dfrac{11.22\times10^{-11}}{10^{-pH}}}$$

再由下式计算出水体的初级生产量 PP：

$$PP(\text{mgC/m}^3\cdot\text{H}) = \frac{(R_a - R_b)\times W\times 1.05}{R_s\times H}$$

式中：R_a 为样品放射性，dpm；

R_b 为本底值，dpm；

W 为水样内 CO_2 总含量，mgC/m^3；

1.05 为 ^{14}C 和 ^{12}C 差异的校正因子；

R_s 为初始放射性强度，dpm；

H 为培养时间，h。

五、结果与讨论

1. 对被测水体的初级生产力进行测定计算，并对结果进行统计，然后分析评价被测水体的富营养化水平、污染状况。

2. 通过对实验结果的分析，评价被测水体生态系统的特征。

思考题

测定水体初级生产力的方法除了本实验方法外，还有哪些，试列举几种，并对方法原理及具体步骤作简要说明。

实验二 鱼类病原菌的监测

一、实验目的

1. 了解水中病原微生物的特征及其危害。

2. 通过科学诊断，对鱼病进行病因分析，并找到有效治疗药物的具体方法。

二、实验原理

由于水资源的减少和污染，养殖密度过大和生态系统的不稳定等因素，使鱼类的抵抗力下降，导致鱼病逐年增加，甚至引起鱼病的流行。有些鱼病是水质恶化直接产生的。鱼病的病原菌种类繁多，包括细菌、真菌、水霉及鳃霉等。

烂尾蛀鳍病是一种传染性鱼病。病鱼的鳍条边缘呈乳白色，腐烂、残缺不全。严重时鳍条间的结缔组织裂开，使鱼鳍呈破扫帚状，甚至整个烂掉。从幼小鱼到产卵亲鱼都可能传染此病，但是成年鱼比较常见。一年四季都会发病，以夏季尤为严重。在患病鱼的鳍条上，采集病原菌并进行分离、鉴定以找到烂尾蛀鳍病的病原。通过药敏实验筛选出有效的治疗药物。

三、实验材料、仪器、药品与试剂

1. 材料

选取病症典型且较严重的病鱼：选择 10～15 cm 的鲤鱼，主要症状为鳍条和鳞片边缘带有白色絮状物。

2. 仪器

接种环、培养皿、移液管、试管、三角瓶、玻璃珠、灭菌锅、超净工作台、打孔器、恒温培养箱、接种箱、水族箱、显微镜、载玻片、盖玻片、滤纸。

3. 药品

牛肉浸汁、蛋白胨、氯化钠、琼脂、灭菌脱脂羊血、庆大霉素、环丙沙星、红霉素、青霉素、四环素。

4. 试剂

（1）草酸铵结晶紫染液：先将 2 g 结晶紫，溶于 20 mL 95%的乙醇。再称取草酸铵 0.8 g 溶于 80 mL 蒸馏水，然后将两种溶液混合，静置过滤。

（2）蕃红染液：称取蕃红 2.5 g 溶于 100 mL 95%的乙醇中，使用前以 1:4 的比例加入蒸馏水进行稀释。

（3）鲁古氏典液：称取碘化钾 2 g 溶于少量蒸馏水中，再加入 1 g 结晶碘，待碘全溶后，用蒸馏水稀释至 300 mL。

（4）丙酮—酒精液：丙酮与 95%酒精等体积混匀。

四、实验步骤

1. 无菌脱纤羊血的制备：取三角瓶再加入数十粒玻璃珠，进行高压灭菌。用无菌方法抽取羊血后，立即沿三角瓶壁注入，振荡 15 min 后取出脱纤羊血备用。

2. 培养基的制备：取牛肉浸汁 1 000 mL，蛋白胨 10 g，氯化钠 5 g，琼脂 15 g 加热混匀，将 pH 校正到 7.2～7.4 之间。然后于灭菌锅内高压灭菌 20 min，待混合液冷却至 50℃时，加入准备好的脱纤羊血 50 mL，充分摇匀后倾注于直径 70 mm 的培养皿内。

3. 取 10 mL 的试管，加入三分之一管，0.7%的生理盐水，高压灭菌后备用。

4. 药敏纸片的制备

用打孔器把厚滤纸打成圆形纸片，然后修整边缘。置于培养皿内高压干热灭菌后备用。待滤纸片完全冷却后，把准备好的药液倒入培养皿内，让纸片对药液进行充分吸收。然后放入无菌干燥器内进行干燥，干燥后放入无菌小瓶内保存、备用。

纸片含药量（参考值）：庆大霉素 10 μg；环丙沙星 5 μg；红霉素 15 μg；青霉素 G10U；四环素：30 μg

5. 细菌的采集及分离培养

在无菌操作下，用接种环刮取鱼鳍边缘的白色絮状物接种于灭菌后的 0.7%生理盐水中，摇匀后，用接种环蘸取菌液在羊血平板培养基上划线分离（如图 9-1）。

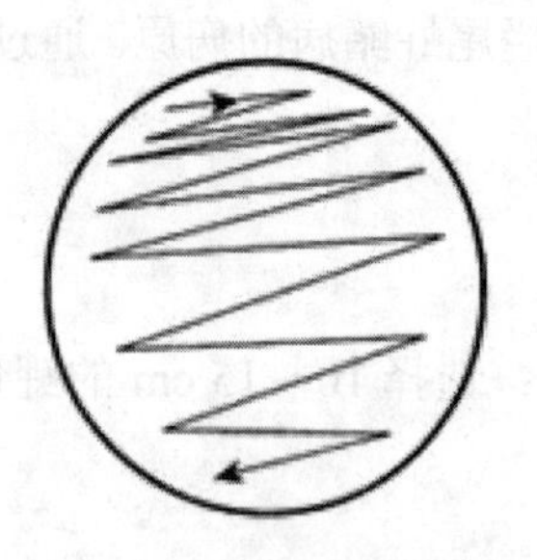

图 9–1　第一次划线分离示意图

每尾鱼的被检材料分别接种双份，然后于 30℃恒温培养条件下，培养 24 h。观察细菌的生长状况及菌落特征，挑选单个典型菌株，再次接种到羊血平板上，此次与前次划线方法不同（如图 9–2）。第二次接种后将生长出的纯菌株送出做鉴定，同时将被检材料制成涂片标本，经革兰氏染色后镜检细菌形态特征。另取一株做药敏试验。

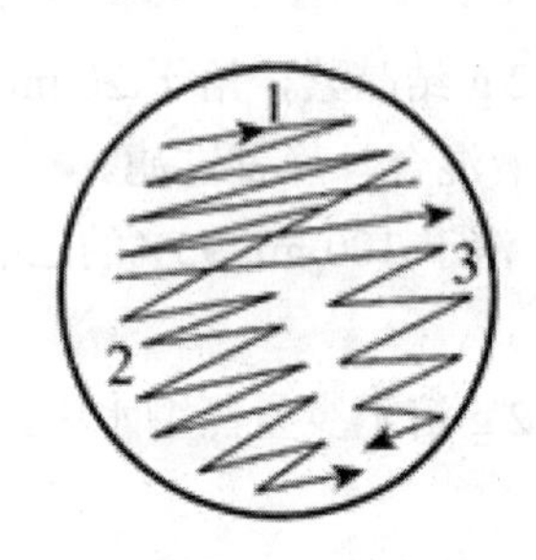

图 9–2　第二次划线分离示意图

6. 抗菌药物的筛选

将准备好的羊血平板从冰箱内取出，放置至室温，取分离好的细菌纯培养物，在接种箱内用接种环挑取单个生长好的菌株，接种于 0.8 mL 0.7%的生理盐水中，充分摇匀后，倒在羊血平板上并涂布均匀。然后于 30℃恒温培养条件下，培养 10 h，菌落即开始均匀生长。此时，在无菌操作下将 3 片药敏片（同一种或三种不同）紧贴在培养基上。盖好培养皿后，再继续培养 24 h，培养结束时测量抑菌圈的直径、观察抑菌圈的形状、并拍照。

五、结果与讨论

1. 实验结果需附细菌分离菌落照片以及药敏抑菌效果照片。
2. 通过分离、鉴定找到烂尾蛀鳍病的病原，并对其进行描述。
3. 通过筛选描述哪种抗菌药对鱼类的烂尾蛀鳍病最有效果。

思考题

1. 病原菌的检验与治疗药物的筛选，对水产养殖业而言有何重要意义，试简述你对这一问题的理解？

2. 实验操作过程中应注意哪些问题？

实验三　水体污染的细菌学监测

一、实验目的

1. 掌握水中细菌总数测定的采样方法和测定方法。
2. 了解平板菌落计数的原则。

二、实验原理

由于水中细菌种类繁多，营养方式多样，它们对营养和温度等生长条件的要求差异很大，很难找到一种培养基在同一种条件下使水中所有的细菌均能生长。因此，用单个细菌细胞在特定的培养条件下长出的菌落数计算供试水样中细菌总数的方法是一种近似方法。本实验项目中，淡水和海水中细菌总数的测定是在规定的各自相同条件下（培养基成分、培养温度、培养时间和 pH 等）测得的 1 mL 水样中细菌的总数，主要步骤包括水样采集与保存、培养基的制备以及细菌总数测定等。

三、实验仪器与药品

1. 仪器

（1）高压蒸汽灭菌锅、恒温干热灭菌器、冷藏箱、恒温培养箱各 1 台。
（2）超净工作台（根据各自实验条件配备）或酒精灯 1 只。
（3）电子天平 1 台、放大镜或菌落计数器 1 只、电炉或电热板 1 台。
（4）250 mL 锥形瓶（2 只用于盛培养基，其他要根据所需灭菌水量配备，并配封口膜）。
（5）150 mL 锥形瓶（根据水样种类准备相当数量，并配封口膜）。
（6）培养皿（ϕ=9 cm，根据水样种类及平行数准备相当数量）。
（7）10 mL、1 mL 移液管和 12 mm×150 mm 试管，根据各自实验准备相当数量。
（8）100 mL 量筒 2 个、1 000 mL 烧杯 2 只、玻璃棒 2 支、漏斗 2 支。
（9）精密 pH 试纸 1 包、纱布（30 cm×30 cm）2 块、记号笔 1 支。
（10）采样瓶（配备牛皮纸和包扎棉线）

2. 药品

（1）化学试剂：氯化钠（NaCl）、磷酸铁（$FePO_4$）、1 mol/L 氢氧化钠、1 mol/L 盐酸。
（2）生物试剂：牛肉膏、蛋白胨、琼脂粉、酵母膏。
（3）蒸馏水、陈海水、灭菌水（根据各自实验准备相当体积）。

四、实验步骤

1. 水样采集与保存

（1）水样采集

①自来水：采样前先将自来水龙头打开至最大，放水 3～5 min；然后关闭水龙头，用酒

精灯火焰烧灼 3 min 灭菌；再打开水龙头至最大放水 1 min 除去水管中的滞留杂质。用无菌采样瓶接取约 80%容积的水样，待测。如水样含有余氯，则在采样瓶灭菌前按每采 500 mL 水样加入 3% 硫代硫酸钠溶液 1 mL 的量装入采样瓶（用以采样后中和水样中的余氯），然后高压蒸汽灭菌，备用。

②江、河、湖、库等地表水：先将无菌具塞采样瓶瓶口向下浸入水中距水面 l0～15 cm 处，然后翻转过来，瓶口朝水流方向拔开瓶塞（若没有水流，则手握瓶身水平前移），水则流入瓶内，装满后，将瓶塞盖好，取出即可。

③海洋、港湾水样采集：最好在固定监测站位按国家标准采样。

④需要采集一定深度的水样时，可使用单层采水器或深层采水器。

（2）样品保存

水样采集后最好立即回实验室测定。一般从采样到检测不宜超过 2 h。否则需放入冷藏箱中于 10℃以下保存，但不得超过 6 h。

2. 实验消毒和保存

（1）仪器：将包扎好的干燥采样瓶、试管、150 mL 锥形瓶、培养皿、量筒和移液管等置于恒温干热灭菌器内，灭菌后备用。

（2）蒸馏水和海水：将蒸馏水和海水分装于 250 mL 锥形瓶后置于高压蒸汽灭菌锅内，灭菌后备用。

3. 培养基的制备

（1）牛肉膏蛋白胨培养基（用于淡水细菌培养）：牛肉膏 3.0 g、蛋白胨 10.0 g、氯化钠 5.0 g、琼脂粉 15.0～20.0 g、蒸馏水 1 000 mL，调节 pH 值为 7.4～7.6，分装在 250 mL 锥形瓶内，121℃高压蒸汽灭菌灭菌 20 min，取出，储于暗处备用。

（2）2216E 培养基（用于海洋细菌培养）：酵母膏 1.0 g、蛋白胨 5.0 g、$FePO_4$ 0.1 g、琼脂粉 15.0～20.0 g、陈海水 1 000 mL，调节 pH 值为 7.6～7.8，分装在 250 mL 锥形瓶内，121 ℃高压蒸汽灭菌灭菌 20 min，取出，储于暗处备用。

4. 细菌总数的测定方法

（1）水样稀释：一般每皿的细菌菌落数在 30～300 之间便于计数，因此稀释度要适宜。以无菌操作方法对水样进行稀释，方法如下：

①分别用 2 个 100 mL 灭菌量筒准确量取 90 mL 灭菌蒸馏水和海水注入已灭菌的 150 mL 锥形瓶中，用 2 支 10 mL 灭菌移液管分别吸取 9 mL 灭菌蒸馏水和海水注入已灭菌的试管中，此步骤不分前后顺序。

②用不同的 10 mL 灭菌移液管分别吸取 10 mL 摇匀水样（河水、湖水、海水等），分别注入上述 150 mL 锥形瓶中，混匀即为 10^{-1} 稀释液。

③用不同的 1 mL 灭菌移液管分别吸取 1 mL 10^{-1} 稀释液，分别注入上述装有 9 mL 蒸馏水或海水的试管中，混匀即为 10^{-2} 稀释液。然后依次按照上述 10 倍稀释法，每次都要求更换 1 mL 灭菌移液管稀释水样，具体稀释倍数视水样洁净程度而定。稀释完毕，备用。

注：大多数自来水水样，未经稀释即可满足计数要求，故可不稀释。

（2）接种

①以无菌操作方法分别用 1 mL 灭菌移液管吸取水样各 1 mL，注入灭菌培养皿中，每种

水样做 3 次平行。

②每套培养皿倾注约 15 mL 已溶化并冷却到 45℃左右[①]的牛肉膏蛋白胨琼脂培养基或 2216E 培养基，并立即小心在实验桌上作平面旋摇，使水样与培养基充分混匀（切忌将混合液溅到培养皿边缘），水平放置至固化。

另取 6 套空的灭菌培养皿，分别倾注 15 mL 牛肉膏蛋白胨琼脂培养基或 2216E 培养基作空白对照，每种培养基 3 次平行，水平放置至固化。

（3）培养：接种淡水的培养皿，倒置于恒温培养箱内 37℃ 培养 24 h。接种海水和港湾水样的培养皿，倒置于恒温培养箱内 25℃培养 2～7 天即可长出明显菌落。

（4）菌落计数：平皿菌落的计数，可用肉眼观察，必要时用放大镜检查，防止遗漏，也可借助于菌落计数器计数。

①菌落计数原则：先取同一稀释度的平板培养物，按照以下原则进行计算：

同一稀释度的平板培养物中，对于看来长得相似、距离相当接近，但不相触的菌落，只要它们之间的距离至少相当于最小菌落的直径，都计数在内；对于链状菌落，应将其作为一个菌落来计数；若其中某个平皿中长有较大片状菌落则不宜采用，而应以无片状菌落生长的平皿作为该稀释度的平均菌落数；若片状菌落少于平皿的一半，而另一半中菌落分布又很均匀时，则可将此半皿菌落数的 2 倍作为全皿的数目。记下各皿菌落数，然后再计算出该稀释度每皿的平均菌落数，供下一步计算时用。

②计算方法：根据各种不同情况选择计算方法。

首先选择平均菌落数在 30～300 者进行计算。当只有一个稀释度的平均菌落数符合此范围时，即可用它作为平均值乘以其稀释倍数报告（见表 9-1 的例次 1）。

若有两个稀释度的平均菌落数都在 30～300 之间，则应按两者的比值来决定。若其比值小于 2，应报告两者的平均数；若比值大于 2，则报告其中较小的数字（见表 9-1 例次 2 和例次 3）。

如果所有稀释度的平均菌落数均大于 300，则应按稀释度最高的平均菌落数乘以稀释倍数报告（见表 9-1 例次 4）。

若所有稀释度的平均菌落数均小于 30，则应按稀释度最低的平均菌落数乘以稀释倍数报告（见表 9-1 例次 5）。

如果全部稀释度的平均菌落数均不在 30～300 之间，则以最接近 300 或 30 的平均菌落数乘以稀释倍数报告（见表 9-1 例次 6）。

菌落计数的报告，菌落数在 100 以内时，按实有数报告；大于 100 时，采用二位有效数字；在二位有效数字后面的数，以四舍五入方法计算，为了缩短数字后面的零数也可用科学计数法来表示（见表 9-1 的“报告方式”栏）。在所需报告的菌落数多至无法计算时，应注明水样的稀释倍数。

③报告水样中细菌总数

---

① 一般冷却至盛有培养基的三角瓶放在手背上似烫非烫时为宜。

表 9–1　稀释度选择及菌落总数报告方式

例次	不同稀释度的平均菌落数			两个稀释度菌落数之比	菌落总数（个/mL）	报告方式（个/mL）
	10^{-1}	10^{-2}	10^{-3}			
1	1 360	164	20	—	16 400	1.6×10^4
2	2 760	295	46	1.6	37 750	3.8×10^4
3	2 890	271	60	2.2	27 100	2.7×10^4
4	无法计数	4 650	513	—	513 000	5.1×10^5
5	27	11	5	—	270	2.7×10^2
6	无法计数	305	12	—	30 500	3.1×10^4

五、注意事项

整个实验过程所用器材，必须按规定要求进行灭菌，并保证所有操作为无菌操作，以确保检测出的细菌总数确实是被测水样中所有。

思考题

1. 本实验方法能否测得水样中全部细菌数？为什么？
2. 影响细菌总数测定准确性的因素有哪些？如何避免这些影响因素？
3. 水样细菌培养时，为什么要把接种的平板倒置在恒温培养箱培养？

实验四　藻类对污染反应的监测

一、实验目的

1. 掌握藻类的采集处理及分类计数的具体方法。
2. 通过浮游植物种类的鉴定以及数量的统计，对河流的污染现状进行初步的调查。

二、实验原理

近年来我国淡水资源逐渐减少，并且水污染日趋严重。工业废水的超标排放以及大量生活污水未经处理即排放，致使我国江河、湖泊受到普遍污染。

水污染指示生物，是指对环境质量的变化反应敏感而被用于评价水体污染状况的水生生物，如浮游植物、浮游动物、水生微生物、大型无脊椎动物等。其中浮游植物，又称浮游藻类，指在水体中营浮游生活的小型植物，是水生态系统的重要组成部分。藻类能通过在种类、数量以及形态结构方面的变化，对水质的改变作出较大的反应。正是由于藻类具有的这种典型敏感性，并且分布范围广，早在 20 世纪初就被作为水体生物监测的指示植物，用于评价水体的水质状况。根据河流中藻类种类和数量的分布，可以对水体污染程度做出综合判断。

三、实验材料、仪器与药品

1. 材料

（1）蓝藻门：篮球藻、蓝纤维藻、颤藻、螺旋藻、微囊藻、平裂藻、席藻。

（2）绿藻门：衣藻、素衣藻、团藻、新月藻、小球藻、实球藻、双星藻、盘星藻、栅藻、柯氏藻、十字藻。

（3）裸藻门：裸藻、扁裸藻。

（4）硅藻门：小环藻、月形藻、舟形藻、直链藻、针杆藻、桥穹藻。

（5）甲藻门：多甲藻、角藻、隐藻、小隐藻。

（6）黄藻门：黄思藻、蛇胞藻、顶刺藻。

（7）金藻门：金藻、三毛金藻、黄团藻、合尾藻。

2. 仪器

浮游生物网（定量，240 目，ϕ20 cm×70 cm）、试剂瓶、分液漏斗（1 000 mL）、容量瓶、滴管、移液管、显微镜、测微尺、浮游生物计数板（0.1 mL×100）、盖玻片、载玻片、吸水纸、擦镜纸、二甲苯。

3. 药品

鲍恩氏固定液：在 100 mL 的蒸馏水中加入苦味酸，边加边摇直至制成苦味酸的饱和溶液，取 75 mL，再加入 25 mL 福尔马林以及 3 mL 冰醋酸。此液对生物组织保存效果好，但苦味酸容易爆炸，应特别注意。

四、实验步骤

1. 样品的采集

（1）布置采样点

污染区不同，藻类的分布情况也是不同的，采样之前先对调查河流进行现场勘查，对污染情况进行了解，然后在河流的不同污染段以及排污口的上下游布点，河流布点采用断面布设法，污染断面设置于污水与河水充分混匀的流域，观察断面设置于调查的污染流域的下端，同时要在河流的非污染区排污口的上方设置对照断面。每个断面的采样点数目根据河流的宽度进行布设，河宽 50 m 内时布一个采样点，50～100 m 布 2～3 个采样点。

（2）采样、固定

用定量浮游生物网进行采样。将生物网口直径进行定量（20 cm），即可求出网口面积。再乘以网在水中的拖拽距离，就可求出滤水容积，从而推算出一定容积内的浮游植物的数量。采样时，采样人员站在岸边，将网系在木棍前端插入水体 0.5 m 深处来回拖动采集 1 L 的水样即可。

当采集的样品全部落入网头时，将采集瓶固定在网端，最后样品均落入采集瓶内，带回实验室，放入分液漏斗中，加 50 mL 鲍恩氏固定液，固定 24 h，然后轻轻吸去上清液，余下 20～25 mL 沉淀物，转入 30 mL 容量瓶中，再用少许上清液冲洗分液漏斗，冲洗液一并转入容量瓶中，以使生物全部转移到容量瓶中，然后定量至 30 mL，待分类鉴定。

2. 藻类的定性观察

（1）藻类的定性即分类观察是定量计数的基础。在进行样品观察前，先对标本片进行观察，以对各种藻类有明确的认识。

（2）用滴管吸取少量采集处理的样品，置于载玻片上，覆以盖玻片，制成临时水封片，在低倍镜下进行观察，再换到高倍镜下，逐一进行鉴定，然后将所观察鉴定的种类分门别类地记录下来。

3. 藻类的定量观察

把待检测的样品按左右平移的方式充分摇匀，立即打开瓶塞，用移液管从中心部分吸取0.1 mL 样品，徐徐滴入 0.1 mL 的浮游生物计数框内，盖好盖玻片。操作时避免产生气泡，影响实验结果的准确性。静置 15 min 后，开始计数，放在低倍镜下辨识计数框内的藻类分布是否均匀，计数框共分为 100 个方格，应至少选出 5 个方格进行计数（用分类计数器或手记），记录下 5 个格内各类个体的数目，计数时应注意藻类有单细胞个体，也有单细胞组成的群体，均作为一单位统计。每个样本要计数 2 片，取三个样本的平均值。

4. 计算

$$1\,\text{L水中的藻类数量}=\frac{1\,\text{L水浓缩成的标本水量}}{\text{计数的标本水量}}\times\text{实际计数得到的生物数量}$$

五、结果与讨论

1. 绘制观察到的样品中的藻类各门的主要种类图（不少于 10 种）。

2. 通过污染区与清洁区藻类种类及数量的统计比较，分析河流的污染状况和污染程度。

思考题

1. 在样品采集前，需要先布设采样点，试间述布设采样点的原则，如不按这些原则进行，会对实验结果造成哪些影响？

2. 在藻类的计数过程中有哪些注意事项？

附录：藻类各门的主要特征

1. 蓝藻门（Cyanophyta）：植物体有单细胞、群体或丝状体。通常为蓝色或蓝绿色，色素不位于色素体中，均匀分布于原生质体内，含叶绿素 a、藻蓝素等。细胞不具真正的细胞核，但具有原核，分为内外两层，内层由纤维素构成，外层是由果胶质组成的胶质鞘。不具鞭毛，具蓝藻淀粉，假空泡，主要包括：篮球藻目、管胞藻目、多列藻目。

2. 绿藻门（Chlorophyta）：种类繁多，有单细胞、群体、丝状体、叶状体、管状多核体等。色素中有叶绿素 a、叶绿素 b、胡萝卜素和叶黄素故植物呈绿色。同化产物为淀粉。生殖方式多样，无性和有性生殖都很普遍，具 2 条顶生等长的鞭毛，少数 4～6 条。体型多样，有球形、椭圆形、肾形、新月形、多角形等。有些小型藻类是鱼的重要饵料。主要包括：团藻目、丝藻目、鞘藻目、绿球藻目、四胞藻目、刚毛藻目、接合藻目。

3. 裸藻门（Euglenopyta）：裸藻类大多为具鞭毛游动型的单细胞体，少数具 2～3 条鞭毛，色素与绿藻门相似，藻体大多呈绿色，同化物为副淀粉。具细胞核一个，还有储蓄泡，在贮蓄泡的一侧，具 1 至数个司排泄作用的伸缩泡。在贮蓄泡的壁上常具一个有感光功能的红色眼点。主要包括：裸藻目和柄裸藻目。

4. 硅藻门（Bacillaripohyta）：单细胞或彼此相连成各式群体，主要特征是细胞壁硅质，由上、下两壳套合而成，壳上有辐射对称或者是两侧对称的花纹。繁殖方式主要为细胞分裂。色素主要有叶绿素 a、叶绿素 c，β-胡萝卜素、α-胡萝卜素和叶黄素，藻体多呈黄绿色或黄褐色。同化生成物为油滴。营养细胞没有具有鞭毛的种，主要包括：根管硅藻目、圆筛硅藻目、盒型硅藻目、无壳缝目、短壳缝目以及单壳缝目。

5. 甲藻门（Pyrrophyta）：多为单细胞，近球形，具背腹之分，常具两条鞭毛等长或不等长侧生或偏生一侧发出。细胞壁主要由纤维素组成，多数具纵、横沟，核大而明显。色素体中含有叶绿素 a、叶绿素 c，ß-胡萝卜素和四种特有的叶黄素（环甲藻素、新甲藻素、甲藻黄素、硅甲藻素），藻体成黄绿色、金褐色至深棕色。同化物为淀粉或脂肪，繁殖以细胞纵裂为主，少数种类能产生孢子。

6. 黄藻门（Xanthophyta）：植物体类型为单细胞、群体、多核管状或丝状体。藻体呈黄绿色，主要色素有叶绿素 a、叶绿素 c，β-胡萝卜素及叶黄素。同化产物为白糖素和脂肪。细胞壁由大量果胶组成，有时含有硅质，多数由相等或不相等的 2 节片套合而成。运动个体具 2 条构造不同的鞭毛，极少数具一鞭毛。多数一个细胞核，少数多个，繁殖多以孢子为主。主要包括：异管藻目、根足藻目、异鞭藻目、异似藻目。

7. 金藻门（Chrysophyta）：藻体为单细胞或集成群体，浮游或附着。多具一或二根顶生的鞭毛（三根的少见），鞭毛等长或不等长。有些种类具伪足或没有运动器官，不运动的种类常呈球形、不定形或分支丝状，能游动的种类，无细胞壁。藻体通常呈金黄色，叶绿体 1～2 个，片状侧生，色素主要为叶绿素 a、叶绿素 c，β-胡萝卜素和两种叶黄素（泥黄素、岩黄素，合称金黄素）。同化产物为脂肪和白糖素，繁殖方式多样。

实验五　重金属对藻类毒性的监测

一、实验目的

了解藻类生长的基本条件、掌握藻类毒性试验的实验方法和操作技能。

二、实验原理

藻类是无胚而具叶绿素的自养植物，均含有叶绿素 a。藻类与其他生物一样，与生活环境密切相关。水环境中的光照、温度、盐度、营养、溶解气体、pH 值和生物因子等环境条件的变化在一定程度上能够刺激或抑制藻类的生长。因此，在一定环境条件下，如果一种或多种有毒污染物进入水体，就可能影响水中藻类的生命活动，藻类生物量就可能发生改变。这样，通过测定藻类的数量和叶绿素 a 的变化，就可以评价有毒有害污染物对藻类生长的影响及对整个水生生态系统的综合环境效应。藻类急性毒性试验是在预备试验基础上进行的，主要包括选择试验浓度、藻类接种与培养、测试指标选择与测定以及毒性评价。

三、实验仪器、药品与试剂

1. 仪器

普通光学显微镜 1 台、0.1 mL 浮游植物计数框（可用血球计数板代替）1 个、分光光度计、pH 计、电子天平各 1 台、高速离心机 1 台及配套离心管、真空抽滤装置 1 套（配有 0.45 μm 醋酸纤维素薄膜）、10 mL 玻璃匀浆器 1 套、光照恒温摇床或光照恒温培养箱、超净工作台各 1 台、锥形瓶（配备封口膜，满足浓度梯度和平行数所需）、100 mL 和 1 000 mL 量筒各 1 个、记号笔 1 支、镊子 1 把。

2. 药品

$CuSO_4 \cdot 5H_2O$

3. 试剂

（1）“水生 4 号”培养液制备所用试剂：$(NH4)_2SO_4$、过磷酸钙[$Ca(H_2PO_4)_2 \cdot H_2O+2(CaSO_4 \cdot H_2O)$]、$MgSO_4 \cdot 7H_2O$、$NaHCO_3$、KCl、$FeCl_3$、土壤浸出液、蒸馏水。

（2）95%乙醇：量取 950 mL 乙醇于 1 000 mL 量筒中，稀释至 1 000 mL，备用。

（3）10 g/L 碳酸镁悬浮液：称取 1 g 碳酸镁，加水稀释至 100 mL，备用。

四、实验步骤

1. 藻种预培养

（1）供试藻种：蛋白核小球藻（*Chlorella pyrencidosa*）、铜绿微囊藻（*Microcystis aeruginosa*）、水华鱼腥藻（*Anabaena flos-apuae*）、小环藻（*Cyclotella* sp.）、菱形藻（*Nitzschia* sp.）、羊角月牙藻（*Selenastrun capricornutum*）、普通小球藻（*Chlorella vulgaris*）、斜生栅藻（*Scenedesmus obliqnus*）等均可作为试验藻种。

（2）预培养：将供试藻种移种至盛有培养基的三角瓶中，在试验所设温度和光强下，三角瓶内保留足够空间培养，隔 96 h 移种 1 次，反复 2～3 次，使藻种生长达到同步生长阶段，以此作为试验藻种。每次移种均需进行显微镜观察藻生长情况及是否保持纯种。

2. 预备实验

预备试验的目的在于找出测试毒物对供试藻生长影响的半数有效浓度（EC_{50}：与对照相比，生长率下降 50%的测试毒物浓度）的范围，为正式试验打下基础，其处理浓度的间距可大一些，以便找到 EC_{50} 值所在的浓度范围。

预备实验的方法与培养条件与正式实验保持一致。

3. 正式实验

（1）藻类培养容器：选用锥形瓶作为藻类培养容器。

（2）实验浓度的选择：根据预备试验的结果，设计等对数间距 5～7 个测试毒物浓度，其中必须包括一个致使供试藻生长率下降约 50%的浓度，并在此浓度上下至少各设两个浓度，另设一个不含测试毒物的空白对照。

（3）培养液制备

本实验利用液体培养基培养供试藻，培养液配方依据供试藻种类确定，调节 pH 值，包扎完毕后经高压灭菌，备用。

下面仅给出淡水绿藻常用的“水生 4 号”培养液配方[①]：

$(NH_4)_2SO_4$	0.200 g	KCl	0.025 g
过磷酸钙	0.030 g	$FeCl_3$（1%水溶液）	0.150 mL
$[Ca(H_2PO_4)_2 \cdot H_2O + 2(CaSO_4 \cdot H_2O)]$			
土壤浸出液[②]	0.500 mL	$MgSO_4 \cdot 7H_2O$	0.080 g
$NaHCO_3$	0.100 g	蒸馏水	1 000 mL

（4）藻类接种

藻类接种工作需在超净工作台中按照无菌操作方法进行。选择生长良好的指数生长前期的藻液摇匀后，根据培养液体积和藻液细胞密度，按最终密度为 10^3-10^4 个细胞/mL[③]培养液所需的量将藻液分别接种于空白对照和含不同浓度测试毒物的锥形瓶中，盖上封口膜，包扎好，各浓度组均设 2～3 个平行样。加入藻种和测试毒物后，培养液总体积与锥形瓶容量比一般遵循如下原则：40 mL 培养液/125 mL 锥形瓶；60 mL 培养液/250 mL 锥形瓶；100 mL 培养液/500 mL 锥形瓶。

（5）培养

将接种好的锥形瓶放入光照恒温摇床或光照恒温培养箱中。培养条件依据供试藻种类而异，例如：蛋白核小球藻和铜绿微囊藻均可在 25℃、4000lx、光照周期 16 h∶8 h 或 14 h∶10 h 或 12 h∶12 h（L∶D）条件下培养。若置光照恒温培养箱静止培养，每天震荡 3 次，每次 10 min 左右。

（6）生长测定

分别在培养 24 h、48 h、72 h 和 96 h 各取样一次。在 96 h 取样时测定污染物对藻类生长影响的 EC_{50} 值。

本实验测试指标为藻类数量（细胞数）和叶绿素 a 含量。

①细胞数（N）：浮游植物计数方法（0.1 mL 计数框法）：将水样充分摇匀后立即用 0.1 mL 定量吸管吸取 0.1 mL 后置于 0.1 mL 浮游生物计数框内，加盖盖玻片。注意：加盖盖玻片时要小心，切勿在计数框内产生气泡以及样品溢出。然后高倍镜下观察计数各个种细胞的数量，每瓶标本计数 2 片，取平均值，每片大约计数 50～100 个视野。

注意：a. 计数的视野数取决于每个视野浮游植物的数量，若每个视野的平均个数不超过 1～2 个，需要数 200 个视野以上；若每个视野的平均个数 5～6 个，则要数 100 个视野；若每个视野的平均个数 10～20 个，只要数 50 个视野即可；所观察视野在计数框中的分布要注意随机性和均匀性；b. 如遇到某些细胞的一部分在视野内，而另一部分在视野外，可规定：在视野上半圈者计数而下半圈者不计数；c. 对丝状和群体种类，可先计算个体数，然后求出该种类的个体的平均细胞数，再进行换算；d. 对形成“水华”的优势种类，如微囊藻，计数前可用加碱、加热或用力摇散等方法使之分散为单个细胞或少数细胞的群体；e. 不要把微型浮游植物当作杂质而漏计。同一标本瓶内样品的 2 片计算结果和平均数之差如果不大于其平均数的±15%，该平均值即为有效值，否则须数第 3 片，直至 3 片平均数与数值相近两数之差

---

① 该配方可用于培养斜生栅藻(*S. obliqnus*)和蛋白核小球藻(*C. pyrencidosa*)等。

② 取田园土 1 kg，加水 2 000 mL，搅拌均匀，浸泡，用前吸取上清液，煮沸消毒后使用。

③ 有的资料指出，一般初始细胞浓度可采用(1～5)×10^6 个/mL。

不大于平均数的 15%为止，则这两个相近数值的平均数即为计数结果。

②叶绿素 a 含量测定

a. 样品制备：将 0.45 μm 醋酸纤维素薄膜固定在过滤器的滤芯上，然后将少量碳酸镁悬浮液均匀覆盖在微孔滤膜上，抽真空，使碳酸镁与滤膜接触牢固。再取一定体积藻液（V）注入过滤器漏斗，过滤。

b. 样品提取：用镊子小心取下载有供试藻的滤膜，剪碎，放入匀浆器中，匀浆，使滤膜破为碎片，加入 95%乙醇于 4℃下萃取（不时振摇）2～4 h 后，4 000 g 离心 10 min，将上清液定容至 V'，用分光光度计在波长 665 nm 和 649 nm 分别测定吸光值（A_{665}、A_{649}）[①]。以 95%乙醇作为参比。

五、数据记录与处理

表 9–2　试验条件基本情况表

年　　月　　日

供试藻种名称：		藻种编号：	
试验条件	温度：　　±　　℃	初始测定	pH 值：
	光照强度：		藻细胞数：
	光暗比：		叶绿素 a：

表 9–3　试验数据记录表

年　　月　　日

处理			24 h			48 h			72 h			96 h		
组别	瓶号	浓度	N	A_{665}	A_{649}	N	A_{665}	A_{649}	N	A_{665}	A_{649}	N	A_{665}	A_{649}
对照	1													
	2													
	3													
处理Ⅰ	4													
	5													
	6													
处理Ⅱ	7													
	8													
	9													
处理Ⅲ	10													
	11													
	12													
处理Ⅳ	13													
	14													
	15													
处理Ⅴ	16													
	17													
	18													

① 详见本项目“注意事项 3”。

（1）细胞数 N

1 L 水样中浮游植物的数量（N）按下式计算：

$$N=(C_s\times V)/(F_s\times F_n\times U)\times P_n$$

式中：C_s—计数框面积，mm^2；

V—1L 水样浓缩后的体积，mL；

F_s—显微镜的视野面积，mm^2；

F_n—计数的视野数；

U—计数框的体积，mL；

P_n—计数视野数的浮游植物个数。

（2）叶绿素 a 含量

①叶绿素 a 浓度 c_a：95%乙醇提取的叶绿素 a 浓度 c_a 按照经验公式计算：

$$c_a\,(mg/L)=13.95\,A_{665}-6.88A_{649}$$

②叶绿素 a 含量 D：

$$D\,(mg/L)=c_a\times V'/V$$

式中：c_a 为叶绿素 a 浓度，mg/L；

V'为所得上清液体积，mL；

V 为所取藻液体积，mL。

（3）96 h EC_{50} 值计算

设各个处理组细胞数或叶绿素 a 含量 3 个平行样的平均值分别为 $V_{空白}$、V_1、V_2、V_3、V_4 和 V_5，在半对数坐标纸上，以试验浓度为纵坐标，以（$V_{空白}-V_n$）/ $V_{空白}$为横坐标，用直接内插法求出 EC_{50} 值（n 为处理组数，n=1，2，3，4，5）。

六、注意事项

1. 试验用玻璃器皿一般不要用重铬酸钾等洗液洗涤，以免其他重金属离子影响试验结果。

2. 预备试验的方法与培养条件必须与正式试验一致。

3. 提取液的 A_{665} 要求在 0.2～1.0 之间，如若小于 0.2 则应增加藻液取样量；如若大于 1.0 则可稀释提取液或减少藻液取样量。因此，要重视预试验整个过程的操作，这样才能把握好藻液取样量和 95%乙醇加入量。

4. 光照对叶绿素有破坏作用，试验时尽量避免强光照射，并且匀浆尽量快速，时间尽量短些。

思考题

藻类整个培养过程中应注意哪些问题？

实验六　底栖动物对污染反应的监测

一、实验目的

1. 掌握底栖动物的采集、处理及分类观察计数的具体方法与基本实验技术。

2. 通过对底栖动物种类与数量、重量的统计，了解调查水体的有机污染程度并认识底栖动物在环境监测中的作用。

二、实验原理

底栖动物指栖息生活于水体底部的淤泥以及附着在石块、砾石或水生植物等基质上的肉眼可见的无脊椎动物群。一般底栖动物体长大于 0.595 mm，亦称为大型底栖无脊椎动物，包括大型甲壳类、水生昆虫、软体动物、环节动物、扁形动物、圆形动物以及其他水生无脊椎动物。广泛存在于江、河、湖、海和其他小型水体中。正常情况下，底栖动物的群落结构是比较稳定的，种类数会比较多并且每个种类的个体数量适当。在某些特殊水环境中（河口区、急流中），会有少数适应该环境的种类占优势。

水体受到污染后，底栖动物的群落结构会发生变化，并且底栖动物会稳定地反应这种变化。有机物以及重金属等无机物的污染都会造成底栖动物群落结构模式的变化。当水体有机污染严重时，水中溶解氧的含量大幅下降，使敏感种和不耐缺氧环境的种类消失，却使耐污种得到发展。同时，污水中的有毒化学物质会消灭无脊椎动物，从而影响底栖动物的的区系组成。

应用底栖动物的群落结构变化状况对污染水体进行监测和评价，在国内外均广泛应用。通过污染区与清洁对照区群落结构（种类、数量、多样性等）的比较，即可分析出水体污染状况。并且，底栖动物还可对污染物进行富集，因此通过底栖动物体内污染物含量的分析测定，也有助于了解水体的污染史。

三、实验仪器与药品

1. 仪器

彼得生氏采泥器（采样面积为 1/16）、底层温度计、溶氧仪、pH 计、塑料水桶、分样筛（40 目及 60 目）、白瓷盘、胶头滴管、移液管、试剂瓶、量筒、广口瓶、解剖器（刀、剪、解剖针、镊子）、显微镜、测微尺、天平、培养皿、盖玻片、载玻片、吸水纸、擦镜纸、二甲苯。

2. 药品

乙醇（50%、70%）、福尔马林溶液（5%）、甲基绿染色液（1%）。

四、实验步骤

1. 样品的采集

（1）布置采样点

底栖动物的采样点与第九章实验四中藻类的采样点相同。

（2）采样

用彼得生氏采泥器进行采样。采样前先测定水温、水深、pH、DO 等参数，然后开始采样。采样时，将采泥器完全张开，然后口朝下沉入水底，当采泥器碰到水底后，因自身重量而插入底泥中，此时，立即向上将采泥器提起。提起时采泥器会自行闭合。每个采样点采样 2～3 次，以减少底质不同造成的生物种类、密度差异的影响。将采上来的泥样倒入塑料水桶内，带回实验室，用分样筛进行筛选，冲洗去掉污泥，然后将筛内的沉渣倒入白瓷盘中，加少许清水，仔细用肉眼检出所有底栖动物。

（3）固定

将底栖动物进行分别处理固定。

①螺、蚌、虾以及介形类等具有钙质外壳或外骨骼的动物，需用 70%乙醇固定。

②涡虫、颤蚓等易收缩或脱肢的种类，必须先进行麻醉使虫体舒展，然后用 5%福尔马林与 70%乙醇混合液固定。

③昆虫、幼虫等，可用 50%乙醇固定。

2. 底栖动物的种类鉴定与定量计数

（1）种类鉴定

参考有关专著，对经固定的标本进行种类鉴定。应尽可能的作详细的分类单位鉴定，尤其是对水环境质量具有指示作用的类群（像摇蚊类、颤蚓类等）。较小的底栖动物可做成装片置于显微镜下观察鉴定，较大的底栖动物可用肉眼直接鉴定即可。

①对水生昆虫而言，在低倍镜下鉴定到目、科，在高倍镜下鉴定到属。

②对大型底栖无脊椎动物（如软体动物、水栖寡毛类）而言，对照资料鉴定到种。

③对水生昆虫幼虫（如摇蚊幼虫）而言，可鉴定到科。

（2）定量计数

针对各采样点，在种类鉴定的基础上，进行数量统计。按种类鉴定到的分类单位（种、属或科）进行计数，并按大类统计数量。也可进行重量统计，称量出每个个体、每个分类单位的湿重，然后根据采泥器的面积推算出每平方米中的总种数及各种的个体数或是重量。

3. 底栖动物中微型动物的观察

由于微型动物体形微小，且易变形，因此要想区分各个种类的特征，需在显微镜下进行仔细观察。目前，常用的主要有两种观察方法。

（1）活体观察

用胶头滴管，吸取一滴待观察的标本液，置于载玻片中央，轻轻盖上盖玻片以防气泡的产生。先在低倍镜下找到目标物，再在高倍镜下进行观察。值得注意的是，对于微型动物来说，口的位置和构造是种类鉴定的重要依据，须首先进行观察。为此，可轻压盖玻片，使微型动物的口从虫体中游离出来，以便进行单独观察。

（2）活体染色观察

为了看清微型动物的构造，需要进行染色。微型动物的细胞核在动物体中所在的部位以及细胞核的形状是种类鉴定的又一依据。可用 1%的甲基绿染色剂对核进行染色。用胶头滴管加一滴染色剂于盖玻片边缘，染色剂慢慢透入虫体内部，将细胞核染成深绿色。然后置于显微镜下进行观察。

4. 底栖动物中微型动物的计数与测量

（1）计数

①计数用胶头滴管一滴水体积的标定

在培养皿中放入 1 mL 水，然后用一洁净的胶头滴管将这 1 mL 水全部吸尽，之后徐徐滴下，记录这 1 mL 水的滴数，重复数次，取平均值。

②在显微镜下进行观察计数

用已标定的胶头滴管吸取一滴待观察的标本液制成装片，在显微镜下进行计数。按照自上而下，从左到右的顺序移动载玻片，对微型动物的数量进行统计。此即，已标定的胶头滴管一滴水中的微型动物数，然后再乘以此滴管 1 mL 水的滴数，即为每毫升的微型动物数。

（2）测量

将染色的标本置于显微镜下，先在低倍镜下找到目标物，然后转到高倍镜下进行观察，最后在油镜下用已校准的目镜测微尺进行测量。先量出微型动物的长和宽占目镜测微尺的格数，然后根据目镜测微尺每格的长度计算出微型动物的长和宽。微型动物的大小以微米计。

五、结果与讨论

1. 绘制在各采样点采集样品中的底栖大型无脊椎动物的主要种类图（不少于 10 种）。

2. 通过统计比较污染区与清洁区底栖动物群落结构（种类及数量、重量）的变化情况，分析水体的污染状况。

思考题

1. 在对底栖动物进行计数时，对一些不完整的虫体应如何计数？

2. 底栖动物中的微型动物有哪些特点，为何要在显微镜下对其进行活体观察，在对其进行观察计数以及测量的过程中应注意哪些问题？

实验七　鱼类对重金属回避反应的监测

一、实验目的

1. 掌握回避实验的具体操作方法与实验技术，并了解回避装置的结构。

2. 了解鱼类回避反应的机制，掌握应用鱼类回避实验对污染物的实际毒性进行分析监测的方法。

二、实验原理

自然条件下，水污染的成分非常复杂，水污染的程度难以用单一的理化指标表示。但回避试验能够在一定程度上反映出水体的混合污染状况以及混合污染的综合毒性。回避反应是水生生物对外界环境刺激的一种保护性反应。这种反应往往很敏感，能够反映污染物的行为毒性大小，从而间接说明污染物对生物神经系统的影响。半数致死浓度等标准的实施，基本上排除了污染物致死浓度水平的排放，但是水生生物仍可以在亚致死水平的环境中生存。虽然短期内不会死亡，但长期的慢性毒性作用仍可危及生物生存。回避试验对污染物亚致死水平的毒性评价提供了一种途径。

当环境变化时，生物的感官系统会有所感知，当这种信息传递到中枢神经时，生物即会作出反应。能产生回避反应的水生动物主要是一些游泳能力强的品种，比如鱼、虾、蟹，还有一些水生昆虫。本实验选用鱼类。

水生动物回避行为的研究始于20世纪初，随着水污染问题日益严重，这种方法越来越受到大家的重视。回避试验主要的研究内容是，水生动物对污染物是否产生回避以及产生回避反应的最低污染物浓度。人为设计包含污染区、清水区和混合污染区的摸拟装置，来观察鱼类的回避情况。

三、实验材料、仪器与药品

1. 材料

体长约6.0 cm的健康鲫鱼，试验前在实验室内驯养两周，然后挑选活泼的个体进行试验，在驯养期间投以饵料，试验前24 h停止喂食。

实验用水：回避试验所用清水以及污染物稀释水，均为曝气24 h的自来水，实验进行前，先对水的溶氧值、电导率和pH等参数进行测定，对水质状况有一大致了解。

2. 仪器

直型回避槽装置、液体流量计、鱼缸、恒温培养箱、水族箱、溶氧仪、电导仪、酸度计

直型回避槽装置：由透明有机玻璃制成，槽全长98 cm、宽22.5 cm、高13 cm，由前端、中部、尾端三部分组成，试验液和清水流量保持在400 mL/min。

前端：分成左、右两个回避槽，长度均为43 cm，并分别有一进水孔，进水孔由阀门控制。

中部：溶液混合区。

尾端：圆形排液区，中央有一高10 cm的溢水管，由圆形玻璃管制成，可保持10 cm的液面。

附属物：进水管和出水管处均装有带小孔的栅板，既可以防止试验用水生动物游入进水孔和溢水管，又可以保持左、右两槽内水的流速能够均匀。

3. 药品

$ZnSO_4 \cdot 7H_2O$

四、实验步骤

1. 预备实验

预实验的浓度范围要大些，实验容器为1 L的鱼缸，每个鱼缸中加800 mL试验液，再放入10只鲫鱼进行培养。培养温度为（25±0.1）℃，培养96 h后结束试验。每个浓度设3个平行，同时设空白对照。统计结果并求出96 h的LC_{50}值。用于回避试验的Zn^{2+}浓度为1/2、1/5、1/10的96 h LC_{50}值，另设清洁水作空白对照。

2. 先在槽中全部注入清水，然后放入鲫鱼（10 只）适应 20～30 min。停止供排水之后将鲫鱼全部赶进混合区。在两槽内分别注入清水、重金属溶液，开始供排水并打开隔栅。每 30 s 观察记录一次鲫鱼在清水区与污染区中的游动状况及数目，每次实验 20 min，每一试验浓度重复 4 次。然后更换重金属溶液的浓度，重复上述操作，重金属溶液的浓度按由低到高的顺序进行。

五、结果记录与计算

1. 结果记录

表 9–4 鲫鱼回避试验结果记录表

处理	实验号	清水区鲫鱼数	污水区鲫鱼数	回避指数
Zn^{2+}浓度（mg/L）	1			
	2			
	3			
	4			

2. 计算

$$回避指数（\%）=\frac{清水区中动物数-污水区中动物数}{实验动物总尾数}\times 100$$

六、结果与讨论

1. 将实验结果进行统计分析，然后说明鲫鱼对重金属污染物 Zn^{2+} 的回避能力如何。
2. 鲫鱼的回避反应强度与重金属污染物 Zn^{2+} 的浓度，有无对应关系，试进行分析讨论。

思考题

1. 在进行水生动物回避实验时，所选污染物的浓度可否超过 96 h 的半数致死浓度值，原因何在？
2. 水生动物回避实验在评价污染物毒性，防治水污染方面有何应用价值，试进行简要描述？

实验八 有机污染物对鱼类毒性的监测

一、实验目的

1. 掌握本实验的操作技术。
2. 通过对超氧化物歧化酶（SOD）活性与污染物之间相关性的测定，认识酶分析法在环境生物学研究中的应用意义，并对污染物的生态毒性进行评价。

二、实验原理

鱼类是一种重要的水生经济动物，也是水环境中食物链的重要环节。因此，鱼类成为水污染以及水环境质量研究中常用的模式生物。

当生物的防御系统不能清除所有的活性氧自由基（ROS）时为氧化胁迫，氧化胁迫会导致脂肪、蛋白质以及 DNA 的损伤。为了抵御和修复 ROS 造成的损伤，生物演化出了多种多样的保护机制，抗氧化防御系统就是其中之一。这一系统包括一系列的酶，这些酶在保持细胞平衡以及抗氧化防御方面起到了重要作用，SOD 就是抗氧化防御系统的典型酶。它可催化由两个 O_2^-转化成 H_2O_2和 O_2的歧化反应：

$$O_2\cdot^- + O_2\cdot^- + 2H^+ \rightarrow H_2O_2 + O_2$$

在蛋氨酸和核黄素存在的条件下，氮蓝四唑光照后会发生光化还原反应生成蓝色甲腙，蓝色甲腙在 560 nm 处有最大光吸收。而 SOD 能抑制 NBT 的光化还原，并且其抑制强度与酶活性在一定范围内成正比，据此即可测定出 SOD 的活性。

三、实验材料、仪器和药品、试剂

1. 实验材料

实验鱼选用健康鲫鱼（*Carassius auratus*），鱼鳍舒展、行动活泼、逆水性强并且食欲好，购自花鸟鱼虫市场。鱼龄为 6 个月、体长为（6.0±0.5）cm，体重为（8.0±0.1）g。

运回实验室后置于大型鱼缸中进行驯养，驯养时间为 2 周，驯养期间每天喂食一次，实验前 24 h 停止喂食。并且实验期间不喂食，以免鱼的代谢或饵料残渣的污染对实验结果造成影响。驯养开始 48 h 后开始记录死亡率，若 7 天内死亡率低于 5.0%，则可用于实验。如死亡率在 5.0%～10.0%之间，应继续驯养 7 天，如果这 7 天内死亡率低于 5.0%，也可用于实验，如果这 7 天内死亡率高于 10.0%，则该组鱼不符合实验要求，不可用。

实验用水为除氯的自来水，将自来水通过人工曝气 48 h 的方式去除余氯。水的 pH 应在 6.0～8.5 之间，总硬度在 10～250 mg/L（以 Ca_2CO_3 计）之间。

实验条件：实验温度保持在（20±2）℃；光照条件为 12 h 光照：12 h 黑暗。

2. 仪器

恒温培养箱、低温高速冷冻离心机、紫外分光光度计、玻璃匀浆器、移液管、鱼缸、解剖剪、试管、胶头滴管。

3. 药品、试剂

农药 DDT、氯化硝基四氮唑蓝（NBT）、核黄素、甲硫氨酸、牛血清白蛋白、考马斯亮蓝、磷酸氢二钠（Na_2HPO_4）、磷酸二氢钠（NaH_2PO_4）。

L-甲硫氨酸溶液：13 μmol/L，称取甲硫氨酸 0.34 g，先用 pH 7.8 的磷酸缓冲溶液（PBS）溶解，然后定容至 150 mL（现配现用）。

NBT 溶液：63 mmol/L，称取 NBT 3 mg，然后用 pH7.8 PBS 溶解成 5 mL（现配现用）。

核黄素溶液：13 μmol/L，称取 2.936 mg 核黄素，用 pH7.8 PBS 溶解定容至 200 mL（遮光保存）。

蛋白溶液：1 mg/mL 牛血清白蛋白。

染色液：0.01%（*W*/*V*）考马斯亮蓝 G-250、4.7%（*W*/*V*）乙醇和 8.5%（*W*/*V*）磷酸。可保存数月。

四、实验步骤和方法

1. 通过梯度稀释法配制浓度为 0.25、0.5 和 1.0 mg/L 的 DDT 水溶液，在鱼缸中加入不同浓度的染毒溶液 10 L，每个鱼缸放入 3 条鱼，每 12 h 换 1 次水，每个浓度 3 次重复。培养 96 h 后将鲫鱼活体解剖，迅速取肝，置于冰生理盐水中清洗血液，备用。同时设定空白对照。

2. 酶匀浆液的制备

将取出的鲫鱼肝脏用滤纸吸干水分后，迅速称取 0.05 g 置于冰浴中。然后以 1:10 的比例加入预冷的磷酸缓冲溶液，在玻璃匀浆器中于冰浴条件下进行匀浆，然后将匀浆液于 4℃、10 000 r/min 条件下低温离心 10 min，上清液即为酶提取液，低温保存备用。

3. SOD 酶活性的测定

反应系统总体积 3.0 mL，其中含甲硫氨酸 13 μmol/L（2.5 mL），NBT 63 mM（0.25 mL），核黄素 13 μmol/L（0.15 mL），50 mmol/L 磷酸缓冲液 pH 7.8（0.05 mL），酶液（0.05 mL），以不加入酶液（用缓冲液代替）的试管为最大光化还原管，用缓冲液作空白管（用缓冲液代替 NBT），然后将各管放在 4000 lx 光照培养箱或日光灯下照光约 20 min，测定反应液 560 nm 的吸光度。以每单位时间内抑制光化还原 50%的 NBT 为 1 个酶活力单位。

4. 蛋白含量测定

取 6 支试管（12 mm×100 mm），依次加入 0、0.02、0.04、0.06、0.08、0.10 mL 蛋白溶液。体积不足 0.1 mL 的用缓冲溶液加至 0.1 mL。随后加入 5.0 mL 染色液，摇匀。倒在 1 cm 比色皿内，5 min 后于 595 nm 处测定光吸收值（*A*）。同时测定试剂空白（0.1 mL 缓冲液和 5 mL 染色液）。最后，以蛋白质含量为纵坐标，吸光度为横坐标做出标准曲线。样品取 0.1 mL 同上测定。

5. 计算

酶活力单位（U）：以抑制 NBT 光化还原 50%所需的酶量为 1 个酶活单位 U。

$$U = \frac{A_{max} - A_{560}}{A_{max} / 2}$$

式中，A_{max}、A_{560} 分别为空白及样品的酶提液在波长 560 nm 下的吸光度。

$$酶活性（U / mg蛋白）= \frac{U}{样品中蛋白含量}$$

五、结果与讨论

1. 将鲫鱼体内 SOD 酶活性，随染毒溶液浓度的变化作图表示出来，并根据实验结果进行讨论。

2. 针对影响实验准确性的因素进行讨论。

思考题

1. 在计算 SOD 活性时，要用蛋白质的含量进行校正的原因？

2. 制备酶匀浆液的过程，为何要求要快速操作，并且温度要控制在1～4℃的范围内？

实验九 BOD_5的监测

一、实验目的

1. 理解五日生物化学需氧量（BOD_5）的基本含义，以及标准稀释法测定 BOD_5 的基本原理。

2. 掌握标准稀释法测定BOD_5的基本方法与技术要领。

3. 掌握制备稀释水与选择稀释比的基本方法。

二、实验原理

生化需氧量是指规定条件下，好氧微生物在分解水中有机物的生物化学过程中所消耗的溶解氧量。可以间接表示水体被有机物污染的程度，同时也是研究生化法处理污水的工艺设计、动力学以及处理效果的重要参数。

生化需氧量的测定方法很多，经典方法是标准稀释法，此方法测定的是 BOD_5，分别测定水样培养前和在20℃条件下培养5天后的溶解氧含量，两者的差即为五日生化过程所消耗的氧量，以 mg/L 表示。其实，微生物氧化分解有机物的过程是很漫长的，要经历炭化阶段和硝化阶段，在20℃培养时需要100多天才能完成此过程。

在实际测定中除少数溶解氧含量高的地表水可直接测定外，对大多数污水来说，由于污染严重都需要进行适当稀释，以降低有机物的浓度和保证整个生化过程在有充足溶解氧的条件下进行。稀释水中应含有一定的营养盐和缓冲物质（磷酸盐，钙、镁、铁盐等）以保证微生物的生长，还应含有接近饱和的溶解氧，通常要给稀释水进行曝气充氧。

对一些微生物含量少的污水（酸性、碱性、高温或经氯化处理），需进行接种引入能分解污水中有机物的微生物菌种。对于含有难降解的有机物或剧毒物质的特殊污水，则需要引入驯化后的微生物菌种进行接种。

三、实验仪器、药品与试剂

1. 仪器

采样瓶、恒温培养箱、充氧器、玻璃瓶、量筒、溶解氧瓶、虹吸管、移液管、玻璃搅棒（玻棒长度略高于量筒，底端固定一直径略小于量筒并带有孔洞的橡皮板）。

2. 药品

磷酸二氢钾（KH_2PO_4）、磷酸氢二钾（K_2HPO_4）、磷酸氢二钠（$Na_2HPO_4 \cdot 7H_2O$）、氯化铵（NH_4Cl）、硫酸镁（$MgSO_4 \cdot 7H_2O$）、氯化钙（$CaCl_2$）、氯化铁（$FeCl_3 \cdot 6H_2O$）、盐酸（HCl）、氢氧化钠（NaOH）、亚硫酸钠（Na_2SO_3）、葡萄糖、谷氨酸。

3. 试剂

（1）测定溶解氧所需试剂（见第八章溶解氧的测量）

（2）磷酸缓冲溶液：称取 KH_2PO_4 8.5 g，K_2HPO_4 21.8 g，$Na_2HPO_4 \cdot 7H_2O$ 33.4 g 以及 NH_4Cl 1.7 g 溶于蒸馏水中，稀释至 1 000 mL。溶液的 pH 值即为 7.2，无需进一步调节。

（3）硫酸镁溶液：称取 22.5 g $MgSO_4 \cdot 7H_2O$，溶于蒸馏水中并稀释至 1 000 mL。

（4）氯化钙溶液：称取 27.5 g $CaCl_2$，溶于蒸馏水中并稀释至 1 000 mL。

（5）氯化铁溶液：称取 0.25 g $FeCl_3 \cdot 6H_2O$，溶于蒸馏水中并稀释至 1 000 mL。

（6）盐酸溶液：量取 40 mL HCl 置于少量蒸馏水中，然后稀释至 1 000 mL。

（7）氢氧化钠溶液：称取 20 g NaOH，溶于蒸馏水中并稀释至 1 000 mL。

（8）亚硫酸钠溶液（需每天配制）：称取 1.58 g Na_2SO_3，溶于蒸馏水中并稀释至 1 000 mL。

（9）葡萄糖—谷氨酸溶液（随用随配）：分别称取 150 mg 经干燥的葡萄糖和谷氨酸，置于少量蒸馏水中溶解，然后稀释至 1 000 mL，并混合均匀。

（10）稀释水：在 20 L 的玻璃瓶中，装入约 18 L 的水，水温保持在 20℃左右。然后用充氧器对稀释水进行充氧，直至水中溶解氧含量达到 8 mg/L 以上。临用前，在每升水中各加入 1 mL 磷酸缓冲溶液、硫酸镁溶液、氯化钙溶液和氯化铁溶液，然后混匀。稀释水的 pH 值应为 7.2，BOD_5 小于 0.2 mg/L。

稀释水可用葡萄糖—谷氨酸溶液校核，方法如下：测定稀释度为 2%的葡萄糖—谷氨酸标准校核液的 BOD_5，如果此值超出 163～237 mg/L 的范围，说明稀释水存在问题，不可用。

（11）接种液：通常采用生活污水在室温下放置 24 h 的上清液作为接种液，每升稀释水中加入 1～10 mL 此接种液。或是用表层土壤的浸出液，称取 150 g 植物生长土壤，然后加入 1 500 mL 水，混合均匀后静置 10 min，上清液作为接种液。

对于一些难降解或条件特殊的污水，需进行菌种驯化，可在排污口下游 3～8 km 处取水样作为作为驯化接种液。如无这种污水来源，可取中和后的污水进行连续曝气，然后每天加入少量该种污水，与此同时加入生活污水或表层土壤水，才能使适应该种污水的微生物大量繁殖，一般驯化过程需要 3～8 天。当水中有大量絮状物出现或是化学需氧量的值出现突变时，则表明驯化完成，适用微生物已大量繁殖，可用于接种。

取适量接种液，接种于稀释水中，混合均匀。接种稀释水应现用现配，并且其溶解氧应在 0.6～1.0 mg/L 之间，pH 应为 7.2。

四、步骤和方法

1. 水样的采集、保存

采样瓶内应充满污水，并在运回实验室的过程中避免空气进入。样品采回后如不能在 2 h 内进行分析，则需放入冰箱低温保存，并在 24 h 内进行测定。

2. 水样预处理

（1）当所采水样的 pH 值不在 6.5～7.5 之间时，要用盐酸或氢氧化钠溶液调节 pH 值，使 pH 值近于 7。所用盐酸或氢氧化钠溶液的浓度依水样的酸、碱度而定，以用量不超过水样体积的 0.5%为标准。

（2）含有毒物质较多、pH 值过高或过低以及经过特殊处理，造成水样微生物活性不足时，都需要加入微生物接种液进行接种。

（3）对于只含少量余氯的水样，通常放置 1～2 h 余氯即可消失。如余氯含量较高，短时间内不能消散，则可用硫代硫酸钠溶液去除。硫代硫酸钠溶液的加入量由以下方法决定。首先取 100 mL 已中和好的水样，接着加入 10 mL 1∶1 乙酸溶液以及 1 mL10%碘化钾溶液，混匀。然后以淀粉为指示剂，用亚硫酸钠溶液滴定游离的碘，至终点。最后根据亚硫酸钠溶液的消耗量，计算出水样中的加入量。

（4）对于含有饱和溶解氧的水样（水温较低水样或富营养化水样），应迅速升温至 20℃，以赶出水样中的过饱和溶解氧。

（5）对于水温较高水样，应迅速冷却至 20℃，以免对分析结果造成误差。

3. 稀释比的确定

（1）对于溶解氧含量相对较高、有机物含量相对较少的地表水，无需稀释，可直接测定。

（2）对于其他水样，可根据高锰酸盐指数（I_{Mn}）和重铬酸钾法测得的生化需氧量（COD_{Cr}）来确定。首先参照表 9-5 列出的比值 R，按照下式估算出 BOD_5 的期望值。

$$BOD_5\text{期望值} = R \times I_{Mn}\text{（或}COD_{Cr}\text{）}$$

表 9-5　典型的 R 值

样品	BOD_5/I_{Mn}	BOD_5/COD_{Cr}
未处理水样	1.2～1.5	0.35～0.65
经生化处理水样	0.5～1.2	0.20～0.35

然后根据表 9-6 中不同的 BOD_5 期望值所对应的稀释倍数，来确定稀释比。每一水样选 2～3 个稀释比。

表 9-6　不同水样的稀释比

BOD_5 期望值（mg/L）	稀释比	水样
6～20	2～5	生化处理生活污水、河水
20～30	10	生化处理生活污水
40～120	20	澄清生活污水、轻度污染工业废水
100～600	50～100	原生活污水、轻度污染工业废水
400～1 200	200	原生活污水、重度污染工业废水
1 000～6 000	500～1 000	重度污染工业废水

4. 水样的稀释

根据选定的稀释比，用虹吸法先将一部分备用的稀释水引入 1 000 mL 量筒中，接着加入需要量的均匀水样，然后再加入稀释水（或接种稀释水）至 800 mL。再用带橡皮板的玻璃棒上下搅拌均匀，搅拌时注意保持搅拌的橡皮板在液面以下，防止气泡产生。用相同的方法配制另外几个稀释比的水样，备用。

5. 测定

先用少量待测的水样润洗溶解氧瓶，然后用虹吸法将混匀的水样转移入两个有编号的溶解氧瓶内，使溶解氧瓶充满水后溢出少许，盖好瓶塞。瓶内不可有气泡，如发现气泡，须轻敲瓶体，使其逸出。取其中一瓶放置 15 min 后测定培养前的溶解氧，取另一瓶，先将瓶口进行水封，然后置于培养箱中，于（20±1）℃，黑暗条件下培养 5 天。培养过程中需每天检查瓶口水封情况，必要时进行适当补充。培养结束后，取出溶解氧瓶，弃去封口水，测定培养后的溶解氧。

另取两个有编号的溶解氧瓶，用虹吸法装满稀释水（或接种稀释水）作为空白对照。按照上述方法测定培养前、后的溶解氧。

6. 计算

（1）不需稀释的水样

$$BOD_5(\mathrm{mg/L}) = DO_1 - DO_2$$

式中：DO_1 为水样培养前的溶解氧浓度，mg/L；

DO_2 为水样培养后的溶解氧浓度，mg/L。

（2）需经稀释的水样

$$BOD_5(\mathrm{mg/L}) = \frac{(DO_1 - DO_2) - (DO_{01} - DO_{02})f_1}{f_2}$$

式中：DO_1 为水样培养前的溶解氧浓度，mg/L；

DO_2 为水样培养后的溶解氧浓度，mg/L；

DO_{01} 为做空白对照的稀释水（或接种稀释水）在培养前的溶解氧浓度，mg/L；

DO_{02} 为做空白对照的稀释水（或接种稀释水）在培养后的溶解氧浓度，mg/L；

f_1 为稀释水（或接种稀释水）在混合液中所占比例；

f_2 为水样在混合液中所占比例。

五、结果与讨论

简述你所测定水样 BOD_5 的步骤和结果。

思考题

1. 在测定 BOD_5 的过程中，为什么对一些水样需要进行预先稀释，如何选择稀释倍数？
2. 在水样的培养过程中为何要避光，试分析其原因。

第十章 陆生生物学监测实验

实验一 农药对土壤脱氢酶活性影响的监测

一、实验目的

1. 通过本实验要求掌握土壤脱氢酶活性测定的具体方法及实验技术。
2. 学习应用测定土壤脱氢酶活性的方法，对污染物在土壤环境中的毒性进行监测、评价。

二、实验原理

土壤生物酶在土壤中物质的转化与循环中起着非常重要的作用，主要来自于微生物细胞或生物残体，包括游离的酶以及固定在细胞中的酶。土壤生物酶的类型多样，包括氧化还原酶、转移酶等等，脱氢酶就是一种典型的氧化还原酶。

脱氢酶能在一定的基质中脱出氢而进行氧化作用。一部分脱氢酶能将氢直接传递给分子态的氧，而另一部分则是将氢传递给受体。如果脱氢酶活化的氢被人为受氢体接受，就可以通过对人为受氢体浓度的测定，来测定脱氢酶的活性。从而了解土壤中微生物对有机物污染物氧化分解的能力。

以无色的氯化三苯基四氮唑（TTC，2,3,5-triphenyl tetrazolium chloride），俗称红四唑，作为受氢体。在土壤脱氢酶的作用下，TTC 受氢后，转化为红色的三苯基甲臜（TF，triphenyl formazan），根据产生的红色色度进行比色分析，计算出 TF 的生成量，从而求出脱氢酶的活性。

上述还原过程可用下式表示：

$$C_6H_5-C(=N-NH-C_6H_5)-N{=}\overset{+}{N}(Cl)-C_6H_5 \xrightarrow[+2H^+]{+2e} C_6H_5-C(=N-NH-C_6H_5)-N{=}N-C_6H_5 + HCl$$

（无色的 TTC）　　　　（红色的 TF）

三、实验材料、仪器、药品与试剂

1. 材料

土壤风干后过 2 mm 筛。取一部分土壤于 170℃下进行干热灭菌。再取一部分土壤加入 0.1 mL 1 000 mg/L 的乐果混匀，最后取一部分土壤加入 1 mL 1 000 mg/L 的乐果混匀，然后将染毒土壤晾干备用。

2. 仪器

紫外分光光度计、比色管、恒温水浴锅、振荡机、容量瓶、离心管、吸耳球、比色皿、坐标纸。

3. 药品

乐果、三（羟甲基）氨基甲烷（Tris）、HCl、丙酮、甲醛、无水亚硫酸钠（Na_2SO_3）、连二亚硫酸钠（$Na_2S_2O_4$）。

4. 试剂

0.5 mol/L Tris-HCl 缓冲溶液：取 2 mol/L Tris 溶液 50 mL，再加入 1 mol/L HCl 75 mL 混合均匀，最后用蒸馏水定容，至 200 mL 即可，pH 为 7.6。

0.4% TTC 溶液：称取 TTC 0.4 g 溶于 0.5 mol/L Tris-HCl 缓冲溶液中，最后用缓冲溶液定容，至 100 mL。

四、实验步骤

1. 标准曲线的绘制

（1）不同浓度的 TTC 系列溶液的配置：取 6 支 50 mL 比色管，依次快速加入 Tris-HCl 缓冲溶液 7.5 mL，0.36% Na_2SO_3 溶液 2.5 mL，再分别加入 0.4% TTC 溶液 0、0.1、0.2、0.3、0.4、0.5 mL，用蒸馏水定容至 50 mL。

（2）每支比色管中各加入 5 mg $Na_2S_2O_4$ 摇匀，然后在 30℃水浴条件下培养 10 min，使 TTC 全部还原为带色的 TF。培养 10 min 后先加入 5 mL 甲醛，摇匀，再加入 5 mL 丙酮，摇匀，最后再次在 30℃水浴条件下培养 10 min。取各比色管中溶液于 485 nm 波长处测定吸光度。然后以 TTC 浓度为横坐标，吸光度值为纵坐标，绘制出标准曲线。

2. 样品中脱氢酶活性的测定

（1）称取 5 g 土样加入 50 mL 离心管中，再加入 0.4% TTC 溶液 5 mL，塞上塞子，充分混匀。除了染毒样品外，另作一组干净土样，并以灭菌土为空白对照。每个土样设置 2～3 个重复。

（2）所有离心管均在避光条件下，于 30℃水浴中保温培养 8 h。

（3）培养 8 h 后，于振荡机上，在垂直方向上振荡 20 min，然后向每个三角瓶中分别加入 5 mL 甲醛混匀，再加入 5 mL 丙酮混匀，最后于 30℃保温 10 min。

（4）3 000 r/min 离心 5 min 后，取上清液于 485 nm 波长处测定吸光度。然后根据标准曲线查出样品对应的 TTC 浓度。

3. 计算

$$\text{脱氢酶活性（μg·h/mL）}=\text{样品TTC浓度}\times\frac{\text{培养时间}}{60}\times\text{稀释倍数}$$

比色时，样品吸光度应保持在 0.8 以下，若吸光度大于 0.8，则要适当稀释。

五、结果与讨论

根据实验结果，统计计算出样品脱氢酶的活性，并分析脱氢酶的活性随染毒浓度的增大有无变化，如果有，如何变化，试进行分析？

思考题

1. 脱氢酶广泛存在于微生物细胞以及动植物组织内，试设计动植物组织内脱氢酶活性的测定方案。

2. 实验过程中，应注意哪些问题以减小误差？

实验二 重金属对小麦毒性的监测

一、实验目的

1. 掌握小麦种子发芽及根伸长毒性试验的具体方法。

2. 通过对小麦种子根长、芽长以及发芽率、发芽势的测定，监测和评价污染物的生态毒性和危害。

二、实验原理

高等植物是生态系统的基本组成部分，在污染胁迫下其生长状况可反映生态系统的健康水平，因此高等植物污染生态毒理实验成为测试污染物生态毒性的典型方法。目前已建立的高等植物毒理实验的 3 种方法分别为种子发芽实验、根伸长实验和早期植物幼苗生长实验。

种子的萌发与生根对植物具有非常重要的意义。种子的萌发、生根过程，既是一个相当活跃的植物胚胎生长发育过程，又是一个种子的生理生化变化过程。

种子在适宜的条件下，会吸水膨胀萌发，有多种酶会参与到这一过程中，在这些酶的催化作用下，会发生一系列的生理、生化反应，而当种子暴露于污染物或有害环境时，一些酶的活性会受到抑制，从而使种子萌发受到影响，表现为发芽率低、根长短。种子发芽和根伸长毒性实验就是根据这一特点，将种子放在含一定浓度受试物的基质中，使其萌发，并测定种子的发芽率、发芽势以及芽生长和根伸长的抑制率。最终评价受试物对植物胚胎发育的影响。

三、实验材料、仪器与药品

1. 材料

小麦种子（发育正常、无霉、无虫蛀、完整无损伤，购自种子专供部门）

2. 仪器

生化培养箱、玻璃培养皿（90 mm）、无灰定性滤纸、移液管、镊子、洗耳球、直尺、温度计。

3. 药品

氯化汞。

四、实验步骤

1. 配制 3 种不同浓度（Ⅰ、Ⅱ、Ⅲ）的氯化汞溶液进行试验，每个浓度设三个平行实验，以去离子水做空白对照。

2. 除去玻璃培养皿表面污物，用洗液刷洗并用自来水冲干净、晾干，进行高温灭菌，待凉后在皿侧面贴上标签，注明浓度编号、实验日期及实验组别。

3. 挑选大小均匀、籽粒饱满的小麦种子，用 2% H_2O_2 消毒 15 min，然后用自来水、蒸馏水分别冲洗 3 次。

4. 在培养皿内铺两层滤纸做发芽床，然后加入 10 mL 相应浓度的供试污染物溶液，加入时避免滤纸下面产生气泡。发芽床的湿润程度对种子发芽过程有着很大影响，若水分过多会妨碍空气进入种子，而水分不足又会使发芽床较干，影响试验结果。每皿 15 粒种子均匀摆放在滤纸上，放置时保持种子胚根末端和生长方向成一直线，种子腹沟（种子腹面凹陷处）朝下，粒与粒之间的距离要均匀，要避免相互接触，防止个别发霉种子感染健康的种子。培养皿加盖后置于（25±1）℃恒温培养箱培养。为了保证种子发芽的适宜条件，在实验期间需每天对种子的发芽情况以及发芽床的湿润情况进行观察。

5. 本实验的观察计数分 3 期进行。第一期，实验进行 2 天后观察计数小麦种子的主根长及芽长，计算抑制率；第二期，实验进行 3 天后观察计数种子的发芽势；第三期，实验进行 7 天后观察计数种子的发芽率。观察时应注意，对小麦这一禾谷类作物而言，当种子正常发育的幼根中，主根的长度≥种子的长度，并且幼芽的长度≥种子长度的二分之一时，说明该种子具有发芽能力。以此标准进行观察、计数，对于不正常的和感染发霉的种子一定要及时去除。

6. 计算

$$\text{芽长抑制率（\%）}=\left(1-\frac{\text{规定天数内浓度组芽的长度}}{\text{对照组芽的长度}}\right)\times 100$$

$$\text{根长抑制率（\%）}=\left(1-\frac{\text{规定天数内浓度组根的长度}}{\text{对照组根的长度}}\right)\times 100$$

$$\text{发芽势（\%）}=\frac{\text{规定天数内已发芽的种子粒数}}{\text{供作发芽的种子总粒数}}\times 100$$

$$\text{发芽率（\%）}=\frac{\text{全部发芽的种子粒数}}{\text{供作发芽的种子总粒数}}\times 100$$

五、结果与讨论

将浓度组及对照组的芽长、根长抑制率、发芽势和发芽率统计计算出来，通过对试验结果的分析讨论，评价重金属污染物汞的生态毒性。

思考题

1. 随着染毒浓度的升高，所观测的四个指标均如何变化，说明什么问题？
2. 影响小麦发芽和根伸长的主要因素有哪些？

实验三　重金属对小麦叶片叶绿素含量影响的监测

一、实验目的

1. 掌握分光光度法对小麦叶片中叶绿素 a 含量的测定与计算的具体方法。
2. 通过测定叶绿素 a 浓度的变化，对污染物的毒性进行进一步评价。

二、实验原理

植物叶绿体色素是吸收太阳光能、进行光合作用的重要物质，主要由叶绿素 a、叶绿素 b、胡萝卜素和叶黄素组成。当植物受到污染时，光合作用会受到影响，从而使叶片中叶绿素的含量降低，其中主要是叶绿素 a 受到影响，因此利用叶绿素变化可以做为监测评价环境的一项指标。

叶绿素 a、叶绿素 b 在可见光谱中具有不同的特征吸收峰。应用分光光度计在特定波长下所测定的吸光度，根据经验公式即可计算出各色素的浓度。叶绿素 a、叶绿素 b 的最大吸收峰分别位于 663 nm 和 645 nm，同时二者在该波长的比吸光系数为已知，根据朗勃—比尔定律可列出浓度与吸光度之间的关系式如下：

$$A_{663}=82.04\ c_a+9.27\ c_b \tag{1}$$

$$A_{645}=16.75\ c_a+45.6\ c_b \tag{2}$$

式（1）、式（2）中：A_{663}、A_{645} 为叶绿素溶液在波长 663 nm 和 645 nm 下的吸光度；

c_a、c_b 为叶绿素 a、叶绿素 b 的浓度，mg/L；

82.04、9.27 为叶绿素 a、叶绿素 b 在波长 663 nm 时的吸光系数；

16.75、45.6 为叶绿素 a、叶绿素 b 在波长 645 nm 时的吸光系数。

解方程（1）、（2）则得

$$c_a=12.7A_{663}-2.69A_{645} \tag{3}$$

$$c_b=22.9A_{645}-4.68A_{663} \tag{4}$$

再依据所使用的单位植物组织，即可求算出植物叶片中叶绿素的含量。

三、实验材料、仪器与药品

1. 材料

本章实验二的小麦叶片。

2. 仪器

剪刀、天平、研钵、滴管、棕色容量瓶、离心管、离心机、紫外分光光度计、擦镜纸。

3. 药品

石英砂、碳酸钙粉、丙酮（80%，需配制）。

四、实验步骤

1. 样品提取

（1）从植株上选取有代表性的新鲜小麦叶片，擦净组织表面污物，剔去主叶脉，剪碎，混匀。

（2）称取剪碎的新鲜样品 0.5 g 放入研钵中，加少量石英砂和碳酸钙粉及 2～3 mL 80% 丙酮，仔细研成匀浆，再加 80%丙酮 5 mL，继续研磨，直至组织变白为提取液。为了防止叶绿素分解，在操作时应在弱光下进行，并且研磨的时间要尽量短些。

（3）将上述提取液转移到 25 mL 棕色容量瓶中，用少量 80% 丙酮冲洗研钵、研棒及残渣数次后连同残渣一起倒入容量瓶中。最后用 80% 丙酮，定容至 25 mL，摇匀，离心，绿色上清液（即色素提取液）用于测定。

2. 测定

将上述色素提取液倒入光径为 1 cm 的比色杯内。以 80%丙酮做空白对照，在波长 663 nm、645 nm 下测定吸光度。

3. 计算

先计算出叶绿素 a 的浓度：

$$c_a = 12.7A_{663} - 2.69A_{645}$$

式中：c_a 为叶绿素 a 的浓度，mg/L；

A_{663}、A_{645} 分别是叶绿素 a 溶液在波长 663 nm 和 645 nm 下的吸光度。

再按下式求出植物组织中单位鲜重叶绿素 a 的含量：

$$\text{叶绿素 a 的含量（mg/g）} = \frac{\text{色素的浓度} \times \text{提取液体积} \times \text{稀释倍数}}{\text{样品鲜重}}$$

五、结果与讨论

将实验组及对照组（见本章实验二对照组）的叶绿素含量统计计算出来，对试验结果进行分析讨论，结合种子发芽及根伸长毒性实验的结论，对重金属污染物汞的生态毒性进行进一步评价。

思考题

1. 叶绿素 a、叶绿素 b 在红光、蓝光区都有吸收峰，为何不在蓝光区进行二者的定量分析？

2. 在叶绿素的提取过程中，加入碳酸钙有何作用，若加入过多会有何影响？

实验四　重金属对蚕豆遗传毒性的监测

一、实验目的

1. 掌握微核实验技术，并在显微镜下对细胞有丝分裂相的不同时期进行观察和区分。

2. 了解环境污染物对生物遗传物质的影响，并掌握蚕豆根尖微核法监测环境污染的具体方法。

二、实验原理

通常情况下，细胞中的染色体在复制过程中会发生一些断裂，这些断裂通常能自己修复，恢复原状。细胞受到外界辐射或其他诱变因子的干扰，引起的染色体断裂很难愈合。断裂下来的染色体断片，由于缺少了着丝点，不能随纺锤丝移动到两极，而停留在细胞质中。在间期细胞核形成时，这些片断就形成大小不等的圆形结构，叫作微核。微核是常用的遗传毒理学指标，可用微核出现的频率来评价环境污染的程度或污染物致突变性的强弱。

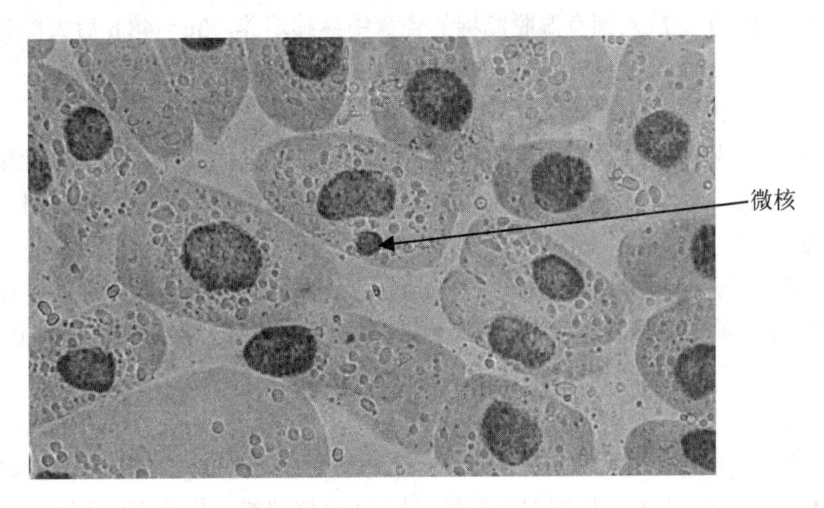

图 10–1　蚕豆根尖细胞典型微核

由于蚕豆（*Vicia faba*）根尖细胞染色体大，数量少，DNA 含量多，并且细胞周期中的大部分时间对诱变剂非常敏感，适于遗传毒性检测实验。在 1986 年中国环保局将蚕豆根尖微核试验列为一种环境生物测试的规范方法。

目前，蚕豆根尖微核试验在多种污染物的致突变性检测方面都得到了广泛应用。采用微核检测技术可以对环境污染物的生物潜在危害进行预测和评价。

三、实验材料、仪器、药品与试剂

1. 材料

蚕豆种子。

2. 仪器

光照培养箱、显微镜、盖玻片、载玻片、血球计数器、镊子、刀片、解剖针、计数器、水浴锅、试管、试管架、小玻璃瓶、吸水纸、纱布、脱脂棉、白磁盘、绘图铅笔、洗瓶。

3. 药品

氯化镉、盐酸、乙醇、碱性品红、苯酚、冰醋酸、甲醛、山梨醇。

4. 试剂

（1）改良苯酚—品红染液：取碱性品红 3 g，溶于 100 mL 70%乙醇中，然后以 1:9 的比例将其与 5%苯酚溶液混合。取 45 mL 该溶液，再加入 6 mL 冰醋酸，6 mL 37%甲醛混合均匀。取 20 mL 苯酚—品红染液加入 180 mL 45%乙酸以及 3.6 g 山梨醇混合均匀，静置两周后使用。

（2）卡诺氏固定液：由乙醇 3 份和冰醋酸 1 份混合而成。

四、实验步骤

1. 浸种催芽

蚕豆干种子，在蒸馏水中浸泡 24 h，至种子完全膨胀。然后将浸泡后的种子用纱布轻轻包裹保持湿度置于瓷盘中，在 25℃的光照培养箱中培养 1～2 天，待初生根长出 2～3 mm 时，再选取发育较好的种子，放入铺有湿脱脂棉的瓷盘中继续培养，36～48 h 后大部分种子初生根长到 1.5～3.0 cm 长时，切除初生根以保证侧根的生长发育。

2. 染毒、修复培养

待侧根露白后，将种子放入盛有重金属溶液的培养皿中进行染毒，注意要浸没根尖，6 h 后取出用蒸馏水冲洗 3 次，并移至蒸馏水中修复培养 24 h。用蒸馏水处理作对照。

3. 材料固定与解离

修复培养结束后，自根尖切取幼根 0.5～1 cm，放入盛有卡诺氏固定液的小瓶中，固定 12～14 h。将固定后的根尖用蒸馏水冲洗后，用吸水纸吸干水分，然后转入盛有 0.1 mol/L 盐酸的试管中，在 60℃恒温水浴中解离 15～20 min。

4. 染色、制片

将解离后的根尖取出，用蒸馏水冲洗数次，之后置于载玻片上，从根冠起切取根尖 1 mm 左右舍去，再切下 1 mm 左右，用解剖针捣碎，加 1～2 滴染液，染色 10～15 min。盖上盖玻片后，用铅笔轻轻敲打，使细胞分散开。最后用吸水纸吸去多余的染液。

5. 镜检

首先在低倍镜下找到分生区细胞分散均匀、背景清晰且分裂相较多的部位，再转高倍镜观察。在 400 倍显微镜下，凡小于主核 1/3 以下并与主核分离的，染色效果与主核相当的，圆形、椭圆形或其他类似形状的染色物质都算作微核。

6. 观察计数与计算

（1）每一处理组至少观察 3 张片子，每张片子计数 1 000 个细胞的微核数。每 1 000 个细胞中出现微核的细胞数，称为微核细胞千分率。每 1 000 个细胞中出现的微核数称为微核千分率。观测微核细胞数与微核出现率，将结果进行记录。

表 10-1 蚕豆根尖微核记录表

处 理	片号	微核细胞数	微核细胞数率（‰）	微核数	微核率（‰）
染毒浓度（mg/L）	1				
	2				
	3				

（2）计算

$$微核细胞率（‰）=\frac{微核细胞数}{观察计数细胞总数}\times 1\,000$$

$$微核率（‰）=\frac{微核数}{观察计数细胞总数}\times 1\,000$$

五、结果与讨论

实验结果统计整理后，比较处理组与对照组蚕豆根尖的微核千分率，然后对试验结果进行分析讨论。

思考题

试分析微核产生的实质，并说明随着染毒浓度的升高，微核千分率如何变化，污染物浓度与微核千分率之间有无剂量—效应关系？

实验五 兽药对蚯蚓毒性的监测

一、实验目的

1. 通过本试验，了解赤子爱胜蚓的培养条件及基本养殖方法，并了解其基本形态特征。
2. 通过本试验，掌握蚯蚓急性毒性试验的基本技术和方法，并掌握全部染毒培养条件。
3. 掌握蚯蚓亚急性毒性试验的所有技术以及乙酰胆碱酯酶的测定方法。
4. 通过污染物对蚯蚓的半致死浓度 LC_{50} 值，对污染物的生态毒毒理效应进行评价，并根据 AChE 的活性对污染物的生态毒性进行深入评价。

二、实验原理

赤子爱胜蚓（*Eisenia foetida*）生存于有机质丰富的土壤中，它与典型的土壤生物种相比，对污染物的敏感性类似。并有生命周期比短，繁殖快，易于培养的特点。赤子爱胜蚓可以在多种有机废料上生存，比较理想的培养基是牲畜的粪便与泥炭以 1:1 的比例的混合物。该类蚯蚓分为环节上具有典型横条或横带和不具有的两种，均可作为实验动物。

兽用镇静剂药物氯丙嗪，又名冬眠灵，对赤子爱胜蚓会产生毒性反应。反应原理是破坏动物体内乙酰胆碱酯酶（AChE）活性，因而通过药物的致死实验和体内乙酰胆碱酯酶活性的测定，即可了解氯丙嗪对实验动物的半致死浓度和对酶活性的影响程度。

乙酰胆碱酯酶是生物神经传导过程中的一种关键酶，它能降解神经传导过程中产生的乙酰胆碱生成乙酸和胆碱，从而终止神经递质对突触后膜的刺激，以保证生物体内神经信号的正常传导。在污染物的作用下，生物体内 AChE 对乙酰胆碱的降解过程受到抑制，致使乙酰胆碱与乙酰胆碱受体的作用无法正常终止，干扰了神经系统的正常传导，造成生物体神经系统长期处于兴奋状态，严重时会导致死亡。

动物体内的乙酰胆碱酯酶与定量的乙酰胆碱作用，之后剩余的乙酰胆碱与碱性羟胺作用生成异羟肟酸，异羟肟酸在三氯化铁的作用下生成深褐色的异羟肟酸铁络合物。根据络合物颜色的深浅，可用分光光度法间接测出乙酰胆碱酯酶的活性。

三、实验材料、仪器、药品和试剂

1. 材料

赤子爱胜蚓，购自芦台蚯蚓养殖场，带回实验室后置于 50 cm×50 cm×15 cm 的木质培养箱中，盖好盖子后置于 20℃条件下进行培养，培养基仍然选用蚯蚓养殖场的有机培养基，pH 值保持在 7 左右，离子电导率低于 6 mΩ，并未含有过多的氨或动物尿液。培养时 20 kg 培养基中放置 1 kg 蚯蚓，以保证每只蚯蚓至少占用 1 g 培养基。以此方法培养 6 周内即可生产 1 000 条蚯蚓。

实验前选择体重在 300～600 mg 之间的成熟健康个体。先将其置于潮湿滤纸上，放置 3 h，然后用去离子水冲洗干净，再用滤纸将水分擦干。最后将蚯蚓放入实验用试管。

2. 仪器

平底玻璃试管（管长 8 cm，底部直径为 3 cm）、滤纸（2 mm 厚 85 g/m^2，中号）、人工气候箱、移液管、试管、通风橱、保鲜膜、玻璃匀浆器、低温高速冷冻离心机、紫外分光光度计、镊子、解剖刀、恒温水浴锅。

3. 药品

盐酸氯丙嗪、盐酸羟胺、牛血清白蛋白、考马斯亮蓝、丙酮、去离子水、氢氧化钠、盐酸、三氯化铁、醋酸钠溶液、乙酰胆碱、$Na_2HPO_4 \cdot 2H_2O$、$NaH_2PO_4 \cdot H_2O$。

4. 试剂

（1）碱性羟胺溶液：先称取 13.9 g 盐酸羟胺，然后置于 100 mL 容量瓶中，用蒸馏水定容到刻度线，即得 2 mol/L 盐酸羟胺溶液。取 14.0 g 氢氧化钠，溶解在 100 mL 蒸馏水中，即得 14%氢氧化钠溶液。用前 20 min，将上述两种溶液以 1∶1 的比例混合即成。

（2）0.37 mol/L 三氯化铁溶液：称取 10 g 三氯化铁，置于 100 mL 棕色容量瓶中，用 0.1 mol/L 盐酸（用蒸馏水将 0.84 mL 浓盐酸稀释至 100 mL）定容到刻度线。

（3）4 μmol/mL 氯化乙酰胆碱标准溶液：

先将 0.073 g 氯化乙酰胆碱，溶于 10 mL 0.000 5 mol/L 醋酸钠溶液（称取 0.136 g 醋酸钠溶解于 100 mL 蒸馏水）中，然后将此溶液以 1∶10 的比例用 0.000 5 mol/L 醋酸钠溶液进行稀释得到的。

（4）1∶2 盐酸：1 份浓盐酸加 2 份蒸馏水稀释而成。

（5）蛋白溶液：1 mg/mL 牛血清白蛋白。

（6）染色液：0.01%（*W*/*V*）考马斯亮蓝 G-250、4.7%（*W*/*V*）乙醇和 8.5%（*W*/*V*）磷酸。可保存数月。

（7）pH 7.2 磷酸盐缓冲溶液

母液 A：0.2 mol/L Na_2HPO_4 溶液：称取 $Na_2HPO_4 \cdot 2H_2O$ 35.61 g 置于小烧杯中，用少量蒸馏水溶解，然后转移到 1 000 mL 的大容量瓶中，最后加蒸馏水稀释至 1 000 mL，即得。

母液 B：0.2 mol/L NaH_2PO_4 溶液：称取 $NaH_2PO_4 \cdot H_2O$ 27.6 g 置于小烧杯中，先用少量蒸馏水溶解，然后转移到 1 000 mL 的大容量瓶中，最后加蒸馏水稀释至 1 000 mL，即得。

然后，分别取 72 mL A、28 mL B 混匀后，稀释至 200 mL 即成 pH 7.2 磷酸盐缓冲溶液。

四、实验步骤

1. 急性毒性试验

（1）预备实验

通过大范围浓度筛选的预实验，找到全部致死和无死亡效应的浓度范围，然后根据最大耐受浓度和全部致死的浓度阈值设置各污染物正式滤纸染毒剂量。在正式实验中，盐酸氯丙嗪污染物染毒剂量设定 4 个水平。预实验的方法与培养条件和正式实验相同。

（2）正式实验

将滤纸无重叠的放入平底玻璃试管中，然后取 1 mL 预先溶解各供试浓度污染物的丙酮溶液，滴加至玻璃试管中的滤纸上，使溶液均匀分布于滤纸上。然后将染毒后的玻璃试管放入通风橱中，待滤纸上的丙酮溶剂挥发完全后，再滴加 1 mL 去离子水润湿滤纸。为了防止供试污染物的挥发，可用附有小孔的薄膜封住管口。最后将试管置于人工气候箱在温度（20 ± 1）℃，湿度 75%，光周期白天:夜间=12 h:12 h 的条件下培养。设置去离子水空白对照和溶剂丙酮对照。每支试管中放置一条供试蚯蚓，处理及对照各设置 20 个重复。每隔 6 h 观察一次蚯蚓的存活状况，将死亡的蚯蚓及时移除，以避免其对正常蚯蚓造成的不良影响。在染毒暴露 24 h 后记录蚯蚓的存活情况，如蚯蚓对机械刺激等无反应则定义为死亡，有大量黄色体腔液渗出、炎症及出血等生理症状则定义为蚯蚓生命迹象衰弱，无明显症状的蚯蚓定义为正常。对照组的死亡率不得超过 10%。

2. 亚急性毒性试验

（1）染毒培养：根据急性毒性试验的结果，用梯度稀释法配制 4 个浓度水平的盐酸氯丙嗪丙酮溶液，然后按照急性毒性试验的方法及培养条件进行染毒，7 天后结束试验，进行酶活性的测定。

（2）粗酶液制备：将蚯蚓从玻璃试管中取出，迅速用解剖刀切下头部，用水冲洗干净，用滤纸吸干水分，然后称取 30 mg 置于玻璃匀浆器中，加入 2 mL 预冷的磷酸盐缓冲溶液（pH 7.2），于冰浴中匀浆，在此过程中，边匀浆边慢慢再加入磷酸盐缓冲液 13 mL。将匀浆液于 4 ℃、10 000 r/min 条件下离心 10 min，离心所得上清液，即为粗酶提取液，低温保存备用。

（3）AChE 活性测定

①标准曲线制备

分别取 4 μmol/mL 的氯化乙酰胆碱标准溶液 0、0.2、0.4、0.6、0.8、1.0 mL 置于试管中，然后补加磷酸缓冲溶液至 2 mL，摇匀后，各试管中依次加入 4 mL 碱性羟胺溶液、2 mL 盐酸溶液、2 mL 三氯化铁溶液，第一个试管即空白管中先加入 2 mL 盐酸溶液，再加入 4 mL 碱性羟胺溶液。每次加入溶液后都要进行充分振摇，摇匀后静置 10 min。

然后于 525 nm 波长下测定各溶液的吸光度，以空白管溶液调零。最后根据测定结果绘制出乙酰胆碱标准曲线。

②样品酶活性测定

先在试管中放入 1 mL 4 μmol/mL 的氯化乙酰胆碱标准溶液，再加入 1 mL 粗酶提取液，立即放入 37℃恒温水浴中。20 min 后将试管取出，并立即依次加入 4 mL 碱性羟胺溶液、2 mL 盐酸溶液、2 mL 三氯化铁溶液，每次加入溶液后都要进行充分振摇。摇匀后将溶液倒入比色皿中，于 525 nm 波长下测定样品吸光度。

（4）蛋白含量测定

取 6 支试管（12 mm×100 mm），依次加入 0、0.02、0.04、0.06、0.08、0.10 mL 1 mg/mL 牛血清白蛋白溶液。体积不足 0.1 mL 的用缓冲溶液加至 0.1 mL。接着加入 5.0 mL 染色液，摇匀后，静置 5 min，5 min 后倒入比色皿内于 595 nm 处测定吸光度。同时测定试剂空白（0.1 mL 缓冲液和 5 mL 染色液）。最后，以蛋白质含量为横坐标，吸光度为纵坐标作出标准曲线。样品取 0.1 mL 同上测定。

3. 计算

AChE 活性计算公式：

$$AChE[\mu mol/(mg\cdot h)]=\frac{\text{乙酰胆碱标准溶液的微摩尔数}-\text{样品剩余的乙酰胆碱微摩尔数}}{\dfrac{\text{培养时间（20 min）}}{60}\times\text{样品中的蛋白含量（mg）}}$$

注：上式中所说的量均指 1 mL 溶液中所含的量。

五、结果与讨论

1. 通过实验结果统计计算出氯丙嗪对蚯蚓的半致死浓度 LC_{50} 值，然后对这种兽药污染物的生态毒性进行分析评价。

2. 根据实验结果统计计算出 AChE 的活性，并分析 AChE 的活性随污染物的浓度如何变化，二者间有无剂量—效应关系，由此对污染物的生态毒性进行进一步的分析评价。

思考题

1. 为什么可以选择赤子爱胜蚓作为监测土壤环境污染的受试生物，还有哪些指示生物可用于土壤污染的监测评价？

2. 选择乙酰胆碱酯酶作为污染物在生化水平上的评价指标，有何重要意义，乙酰胆碱酯酶的活性被干扰，对生物体来说意味着什么？

3. 除了本试验的方法外，试制定出测定乙酰胆碱酯酶活性的其他方法，并分析其原理。

实验六　TBBPA和HBCD在土壤中归趋的监测

一、实验目的

1. 了解高效液相色谱-串联质谱法分析测定有机污染物的基本原理，并掌握土壤及植物样品前处理的基本实验技术。

2. 了解典型溴化阻燃剂在土壤—生物系统中的迁移、转化以及在植物体内的积累与分布的一般规律。

3. 通过本次测定，认识分析技术在环境生物学研究中的重要意义，并对溴化阻燃剂的生态毒性进行评价。

二、实验原理

四溴双酚-A（TBBPA）和六溴环十二烷（HBCD）是目前世界上使用最广泛的两类溴化阻燃剂。2001年，共消耗了119 600公吨TBBPA以及16 700吨HBCD。TBBPA和HBCD的物理化学性质与多溴联苯醚相似。TBBPA具有很高的脂溶性（$\lg K_{ow} = 4.5$），很低的水溶性（0.72 mg/L）。HBCD同样具有高脂溶性（$\lg K_{ow} = 5.6$），低水溶性（0.003 4 mg/L）以及低蒸气压（4.7×10^{-7} mmHg）的特性。它们的高使用率以及低水溶性可能会导致二者在环境中的持久以及在生物系统中的蓄积。

目前已有用气相色谱—质谱法（GC-MS）测定TBBPA与HBCD的报道，但是使用GC难于分离HBCD的三种异构体，而且温度高于160℃以上时三种异构体间会发生热重排，而这一温度在GC中是很常用的。当前对HBCD异构体的测定普遍采用高效液相色谱—串联质谱（HPLC-MS/MS）方法。

采用索氏萃取来提取土壤以及植物样品中的TBBPA和HBCD异构体，然后用HPLC-MS/MS方法，即可测出其含量，从而了解溴化阻燃剂在植物体内的积累和分布情况。

三、实验材料、条件、仪器、药品和试剂

1. 材料

（1）植物种子：白菜种子、萝卜种子购自种子专供部门。挑选籽粒饱满的种子用次氯酸钠溶液消毒5 min，之后用蒸馏水冲洗数次，备用。

（2）土壤：所用土壤样品采自植物园的表层（0～20 cm）土壤（未污染）。新鲜土壤样品经风干后过2.0 mm筛备用。先取一小部分土壤与TBBPA和HBCDs混合，拌匀后，放入通风厨进行溶剂蒸发。再将染毒土壤与干净土壤在室温下进行不断搅拌，以保证充分混匀，使土壤样品的最终浓度达到1 000 mg/kg。

2. 条件

（1）色谱条件：流动相A为甲醇，B为10 mmol/L醋酸铵溶液，梯度洗脱，洗脱程序：首先流动相A在4 min内由60%上升到100%，保持5 min，之后在11 min内又下降到60%，

最后再保持 5 min；流速：0.25 mL/min；柱温：40℃；进样体积：15μL。

（2）质谱条件：电喷雾负离子扫描模式（ESI^-）；毛细管电压：3.2 kV；离子源温度：150℃；脱溶剂气温度：350℃；脱溶剂气流速：300 L/h；反吹气流速：30 L/h；多重反应监测（MRM），监测离子和锥孔电压、碰撞电压见表 10-2。

表 10-2 溴化阻燃剂的锥孔电压，碰撞电压以及母离子与子离子的值

物质	锥孔电压（V）	碰撞电压（eV）	MRM 通道	
			母离子	子离子
TBBPA	31	45	541	79
$^{13}C_{12}$ labeled TBBPA	31	45	555	81
HBCD	22	17	641	81

3. 仪器

高效液相色谱—电喷雾离子源—串联三重四极杆质谱联用仪、C18 反相色谱柱（150 mm×2.1 mm, 5μm）、固相萃取硅胶柱（6 mL, 500 mg）、旋转蒸发仪、冷冻干燥机、MTN-2800D 氮气吹干仪、花盆、滤纸。

4. 药品、试剂

（1）药品：HBCD 混合物（9% α-HBCD, 6% β-HBCD 和 85% γ-HBCD）、TBBPA（97%）、醋酸铵。

（2）标准品与试剂：TBBPA 标准样品（97%）；$^{13}C_{12}$-TBBPA 及 α-, β-, γ-HBCD 标准样品（99%）；正己烷、丙酮（农残级）；甲醇（色谱级）；Millipore 去离子水（自制）；其他试剂均为分析纯；高纯氩气、液氮气。

标准溶液的配制：用甲醇配制各标准品的原溶液，于−20℃贮存备用。混合标准溶液由各标准品的原溶液经过适当稀释而成。每次分析运行前，对此混标进行进一步稀释，稀释成的一系列浓度的标准溶液用来制作标准曲线。

四、步骤和方法

1. 植物种植

在种植植物的花盆中先铺放两层滤纸，然后再放入 300g 实验用土。本实验设置 4 个不同的处理组，每个处理组 8 个重复。第一个处理组，什么都不种植，作为空白对照；第二个和第三个处理组，分别种植白菜和萝卜；第四个处理组，同时种植白菜和萝卜，为联合种植。种植单一植物的盆中含 5 株白菜或 2 株萝卜，种植混合植物的盆中含 3 株白菜和 2 株萝卜。温室的温度白天设置在（25±2）℃，晚上设置在（14±2）℃。每天给植物浇水，3 周后收获。

2. 样品提取和净化

采集植物时，将植物根部轻轻从土壤中移出，任何余下的植物组织都收集起来，然后将植物分为地上部分和根两部分。每一部分均用蒸馏水冲洗 3 次。先植物和土壤样品进行冷冻干燥，之后碾碎，然后在 4 ℃条件下保存备用。加入 $^{13}C_{12}$-TBBPA 标准溶液作为内标，以正己烷/丙酮（体积比为 1:1）为溶剂索氏提取 24 h，每小时约回流 4 次。旋转蒸发萃取液至几乎干时，加入 100 mL 正己烷溶解，再用旋转蒸发仪浓缩至 3～5 mL，然后加入 15 mL 浓硫酸，离心 15 min 后上层液体用 5 mL 正己烷清洗，重复两遍，上层回收液经旋转蒸发浓缩至约 2 mL。过预先处理过的硅胶固相萃取柱，依次用 6 mL 正己烷活化，12 mL 正己烷淋洗最后用 6 mL 丙酮洗脱，洗脱液氮吹至几乎干后用甲醇定容，漩涡混匀后待测。

3. 仪器操作

首先打开质谱、高效液相色谱和电脑的电源，此时质谱内置的 CPU 会通过网线与电脑主机建立联系，大概需要 1～2 min 时间。

（1）高效液相色谱开机及准备程序

①待高效液相色谱通过自检，进入 Idle 状态后，依照液相色谱操作程序，依次进行操作。首先打开脱气机（Degasser On），接着进行干洗（Dry Prime）1 次，湿灌注（Wet Prime）2 次，然后清洗进样针（Purge Injector）1～2 次，最后是平衡色谱柱。

②点击液相方法图标进入方法编辑界面。

③点击 Inlet 图标设置泵的参数。

④在柱温设定页面，设定柱温箱温度以及液相系统的压力参数。

⑤在 Pump Gradient 页面，设置梯度表。

⑥将待测样品放入棕色进样品后，装入液相色谱自动进样盘。然后打开氮气钢瓶的阀门，使氮气输出，输出压力为 90 psi。

（2）质谱开机程序

①双击电脑桌面上的 MassLynx 4.0 图标进入质谱软件。如果打开软件时，质谱内置的 CPU 与电脑主机的通讯联系还没有建立，则需稍等片刻再进入软件。

②点击质谱调谐图标（MS Tune），进入质谱调谐窗口。

③选择菜单“Options > Pump”，机械泵开始工作，同时分子涡轮泵开始抽真空，此时会有较大噪声出现。等达到真空要求后，状态灯“Vacuum”将变绿。

④点击真空状态图标，查看真空规的状态，确认真空度是否达到要求。

⑤设置源温度（Source Temp）到目标温度，给离子源升温，升温过程会需要一段时间。

⑥在质谱调谐窗口选择要使用的离子模式，Ion Mode>Electrospray-。

⑦点击进入 Source 界面，设定 Source 界面里的各项参数。

⑧打开氩气钢瓶，点击气体图标通入氩气，调整氩气流量。

⑨点击操作按钮（Operate），加上质谱电压，此时，操作按钮的颜色会从红变绿。

⑩点击图标，进入 Analyser 界面，设定 Analyser 界面里的各项参数。

待高效液相色谱、质谱都准备好后，将二者相联，并在电脑软件上点击连接图标将二者 CPU 相联。

（3）创建项目

每次测定都需要创建不同的项目（Project），项目的后缀为 .pro，以便进行数据管理，所创建的每个项目都有对应的子目录。

（4）创建质谱采集分析方法

在 Masslynx 软件主界面点击质谱方法（MS Method）图标，进入质谱方法编辑界面，然后点击 MRM 图标，打开 MRM 功能编辑器（MRM Function Editor），对各项参数进行设置，建立质谱采集分析方法。

（5）建立一个新的样品表，并对样品表信息进行编辑。确认色谱、质谱都准备好后，点击运行图标，运行样品。在样品测定过程中，需要随时进行检查，以便出现问题后，可以及时处理。

（6）关机

①先点击质谱调谐图标进入调谐窗口。

②点击 Standby 让质谱进入待机状态时，此时状态灯由绿变红。

③点击气体图标关闭氩气，然后关闭氩气钢瓶。

④停止高效液相色谱流速，将液相色谱管路从质谱移开放入废液瓶，冲洗色谱柱 1 h 左右，冲洗液相系统以及进样针 2～3 次。冲洗完毕后，关机。

⑤设置离子源温度到常温，给离子源进行降温，当温度降到常温时，点击气体图标关闭氮气。然后关闭电脑。

⑥关闭质谱，最后关闭质谱、高效液相色谱和电脑的电源。

五、结果与讨论

1. 将溴化阻燃剂 TBBPA 与 HBCD 的三种异构体在土壤以及植物地上、地下部分的含量作图表示出来，并根据实验结果进行讨论。

2. 针对实验结果讨论：植物混合种植对污染物的迁移、转化有无影响，如有如何影响。

思考题

1. 高效液相色谱的流动相 B 为何要用无机盐溶液，加入少量无机盐能起到什么作用？

2. 在高效液相色谱—质谱联用仪的操作过程中应注意哪些问题，以减少误差？

第十一章　大气生物学监测实验

实验一　植物气孔对污染物反应的监测

一、实验目的

1. 通过显微观察比较自然环境中生长植物的气孔密度，认识不同生态类型植物是对环境适应的结果。

2. 观察污染物对不同生态类型植物气孔开度的影响，并了解植物对环境因子变化的适应过程。

3. 掌握本实验的方法与基本技术。

二、实验原理

植物气孔是植物与外界环境进行 CO_2、O_2 和水蒸汽交换的主要通道。而这些气体均为植物基本生理活动（光合作用、呼吸作用、蒸腾作用）的原料或产物。植物气孔一般由两个哑铃形或肾形的保卫细胞组成。哑铃形的保卫细胞，两端细胞壁薄，中间细胞壁厚。而肾形的保卫细胞则不同，外侧细胞壁薄，内侧细胞壁厚。除保卫细胞外，有的植物还有一或多个副卫细胞。气孔下方是孔下室，孔下室与叶肉组织的细胞间隙相通，植物通过这一系统即可进行气体交换。因此，气孔的开闭控制着植物的气体交换以及水分的蒸散。

不同环境条件下，植物的生态类型不同，其气孔数目及分布也有差异，并且气孔会随着环境因子的变化灵敏地改变开闭状态。

三、实验材料、仪器和试剂

1. 材料

时令的旱生、中生以及湿生植物。

表 11–1　实验所选材料

旱生植物	能够耐受较长时间、较严重的水分亏缺的植物。通常有发达的旱生形态与生理能适应沙漠、岩石、冻土等环境 ①肉质植物：仙人掌（*Opuntia dillenii*）、大景天（*Sedum maximum*） ②硬叶植物：羽茅（*Achnatherum sibiricum*）、夹竹桃（*Nerium indicum*） ③软叶旱生植物：天竺葵（*Geranium*）、银灰旋花（*Convolvulus ammannii*） ④小叶或无叶植物：麻黄（*Ephedra sinica*）、霸王（*Zygophyllum dumosum*）
中生植物	适宜在中等湿度和温度的条件下生长，不能够忍受长期的干旱或水涝。种类最多、分布最广、数量最大的陆生植物。小麦（*Triticum aestivum*）、蚕豆（*Vicia faba*）、冬青（*Ilex Purpurea*）
湿生植物	适宜在潮湿环境中生长，不能忍受长期水分缺失的植物。春兰（*Cymbidium goeringii*）、水稻（*Oryza sativa*）、茭白（*Zizania caducifbra*）

2. 仪器

显微镜、显微镜测微尺（目镜测微尺和镜台测微尺）、解剖刀、解剖针、镊子、毛笔、盖玻片、载玻片、滴瓶、纱布、洗瓶、镜头纸。

3. 试剂

火棉胶、乙二醇、异丁醇。

四、实验步骤

1. 植物气孔密度的测定

（1）每种植物选定 3 株，在其中一株植物上选 3 片健康叶片。对于肉质较厚的叶片，可直接用解剖刀取下叶片透明表皮，注意不要带叶肉。对于较薄的叶片，可用毛笔在叶片的上、下表皮轻轻涂上一层 5%的火棉胶，数分钟后撕下火棉胶膜。

（2）用镊子和解剖针将叶片透明表皮或火棉胶膜平放在载玻片上，在显微镜下进行观察，计数视野中的气孔数目。每片叶片计数 5 个视野，取其平均值。

（3）视野面积测定：用显微镜目镜测微尺测量出视野的直径（见第八章显微镜测微尺的使用），根据公式 $S=\pi(d/2)^2$，计算视野面积。

（4）气孔密度的计算：根据观测数据，按下式求出每种植物上表皮和下表皮气孔的密度。

$$\text{气孔密度（气孔数 / mm}^2\text{）}=\frac{\text{叶片气孔数平均值}}{\text{观测视野的面积}}$$

2. 植物气孔开闭情况的观测

（1）直接测量气孔大小

选取植物健康叶片，擦净，每片叶片，在显微镜下用目镜测微尺测定 20 个气孔的最大宽度，然后求其平均值。以 3 片叶片的气孔大小均值，作为该种植物当时的气孔大小值。

（2）浸润反应测气孔开度

用乙二醇和异丁醇按下表的比例混合得到不同粘度的液体，备用。由于液体表面张力的差异，通常粘度越小，浸润力越强。同时，气孔开度越大，液体也越易浸入叶片。

表 11-2　浸润液配制方法

试剂 \ 浸润液编号	Ⅰ	Ⅱ	Ⅲ	Ⅳ	Ⅴ	Ⅵ
乙二醇（%）	10	20	30	40	50	60
异丁醇（%）	90	80	70	60	50	40
气孔开度	1	2	3	4	5	6

选择植物健康叶片，擦净。然后按由稀到浓的顺序在叶片表面滴加浸润液，根据叶片表面暗绿色斑点出现的程度对气孔开度进行判断。

往叶子表面滴加一滴Ⅰ号液体，如叶片表面出现布满暗绿色小斑点，表示Ⅰ号液体已浸入叶内。然后再滴加一滴Ⅱ号液体，如有少许或隐约可见的暗绿色斑点出现，表示Ⅱ号液体稍浸润叶片，则气孔开度值为 1.5。如滴加Ⅱ号液体时，叶片表面没有任何反应，表示液体没有浸入叶内，则气孔开度为 1。其余依次类推。每组至少测定三种植物叶片的气孔开度。

五、结果与讨论

根据气孔密度与开度的结果分析，讨论此方法在监测、评价大气污染程度方面有何应用价值。

思考题

污染物对植物的影响有多个方面，对叶片气孔的影响主要有何表现，为何可用气孔的开闭情况来研究污染物的毒性？

实验二　植物叶片 SO_2 含量的监测

A. 实验方案一

一、实验目的

1. 掌握植物叶片 SO_2 含量测定的具体方法与实验技术。
2. 通过植物叶片中 SO_2 含量的测定，估测大气污染程度，并对大气环境质量进行生物学评价。

二、实验原理

在正常状态下，生物体内化学成分的含量是一定的，这是生物体长期以来对环境适应的结果。在污染环境中，由于某种污染物含量的显著增加，可导致生物对该污染物的累积。基于生物体与生活环境中化学成分的这种相关性，我们就能以此为依据，通过对生物体内某种化学成分的分析，来测定和判断环境中该污染物的污染程度。

本实验利用熏气装置，模拟 SO_2 污染环境对玉米进行熏气处理，然后分析玉米叶片中 S 的含量水平。植物样品中的硫，分为有机态和无机态两种存在形式。有机硫在催化剂和氧化剂的作用下，会被氧化全部形成硫酸盐，在酸性条件下加入起浊剂，进行比浊测定。通过分析找出大气中 SO_2 浓度与叶片中含 S 量的关系，以具体了解此方法在环境监测中的应用。

三、实验材料、仪器、药品和试剂

1. 材料

玉米种子，购自种子专供单位、在 SO_2 污染区与清洁区现场采集的玉米叶片。

2. 仪器

光电比色计、研钵、烘箱、通风橱、比色管、电炉、解剖针、镊子、剪刀、滴瓶、洗瓶、移液管、1 mm 筛、容量瓶、三角瓶、塑料薄膜、干燥器。

3. 药品

K_2SO_4、$BaCl_2$、$NaHSO_3$、HNO_3、$HClO_4$、重铬酸钾、偏钒酸铵、冰醋酸、盐酸、磷酸、土温-20。

4. 试剂

（1）母液：先将 K_2SO_4 放入烘箱中，于 105℃烘烤 2 h，然后称取 K_2SO_4 1.086 8 g，置于小烧杯中先用少量蒸馏水溶解，然后转移至 500 mL 容量瓶中进行定容，即得每毫升含 0.4 mg 硫的母液。

（2）硝化液

①先称取 0.85 g 偏钒酸铵置于烧杯中，然后小心加入 525 mL 硝酸，再加入 600 mL 比重为 1.20 的高氯酸。

②称取 3.75 g 重铬酸钾，然后进行加热使其溶解于 125 mL 水中，将其倒入步骤①烧杯中，混合均匀即得 1250 mL 的硝化液。

（3）混合酸液：量取冰醋酸 50 mL，盐酸 20 mL 以及磷酸 20 mL，放入 1 000 mL 大容量瓶中，用水稀释至刻度线。

（4）标准硫溶液：分别量取 0、5、10、15、20、25 mL 母液，放入 100 mL 容量瓶中，然后加入硝化液 20 mL、混合酸液 50 mL，混匀后加水定容至，刻线，所得硫溶液每毫升分别含 0、20、40、60、80、100 μg 硫。

（5）起浊剂的配制：称取 $BaCl_2$ 100 g，放入烧杯中，然后加入 500 mL 水加热溶解，再加入土温-20 50 mL，混匀后转移入 1 000 mL 容量瓶中，加水定容至刻线，混匀后进行过滤，静置 24 h 后备用。

四、实验步骤

1. 现场采集

在 SO_2 污染区与清洁区现场分别采集相同部位的玉米叶片，采回后先用蒸馏水洗净表面灰尘，然后晾干并放入烘箱中于 80℃条件下烘烤 4 h。取出后，将其粉碎并过 1 mm 筛，最后装瓶放入干燥器内。

2. 熏气

（1）在培养皿内铺两层滤纸做发芽床，然后加入适量蒸馏水。每皿 15 粒种子均匀摆放在滤纸上，放置时保持粒与粒之间的距离要均匀，要避免相互接触。然后置于（25±1）℃恒温培养箱培养。待玉米生长至 4～5 叶时，分别移入带有 SO_2 发生装置与不带 SO_2 发生装置的干燥器内，然后用塑料薄膜将干燥器密封，培养 24 h 后取出幼苗，分析叶片中 S 的含量。叶片处理同现场采集叶片。

（2）熏气装置

先在称量瓶内放入适量 $NaHSO_3$，放入量的多少由所需制备的 SO_2 的浓度来定，若想制取的 SO_2 浓度高些，放入量就高些，若想制取低浓度的 SO_2，放入量就低些。 然后将称量瓶放入干燥器内。

用塑料薄膜将干燥器密封后，用解剖针在称量瓶正上方的薄膜上扎一个小孔。然后用滴管将 1% HCl 通过薄膜上的小孔滴入称量瓶内。HCl 与 $NaHSO_3$ 接触后立即反应生成 SO_2。

3. 叶片中 SO_2 的分析

（1）标准曲线的绘制

分别吸取 1 mL 不同浓度的标准硫溶液于具塞比色管中，然后加 19 mL 水，再加入 5 mL 起浊剂，摇匀，15 min 后在光电比色计上进行比浊测定。最后，以 S 含量为横坐标，光密度为纵坐标作标准曲线。

在不同室温下进行的实验结果表明，以室温 22～27℃状况下绘制的标准曲线最为理想。

（2）样品的测定

取 100 mL 三角瓶，放入 0.20 g 左右的干叶粉，然后将三角瓶放入通风橱中，加入硝化液 5 mL 后开始加热升温，待冒出白烟，且溶液出现暗红色沉淀时，表示硝化完全。加入 10 mL 混合酸液混匀后进行过滤，滤液转入 25 mL 瓶后定容至刻度线。吸取上述溶液 1.0 mL 于比色管中，其余测定步骤同标准曲线。

（3）结果计算

$$\text{S含量（}\mu g/g\text{）}=\frac{\text{标曲查得S含量}\times 25}{\text{植物样品干重}}$$

五、结果与讨论

1. 统计计算出实验数据，并分析野外采集及实验室熏气的污染样品与空白对照样品的 S 含量，有无差异，若有差异是否显著。

2. 通过结果分析找出环境中 SO_2 浓度与叶片中含 S 量之间的关系。

思考题

在大气环境中 SO_2 污染非常严重的情况下，植物叶片中的硫含量可能会非常高，在此情况下，测定时应如何操作？

B. 实验方案二

一、实验目的

1. 掌握 SO_2 对植物叶片产生的急性伤害症状。
2. 了解便携式 SO_2 测定仪的原理和测定操作方法。

二、实验原理

在人工熏气箱内，用高浓度的 SO_2 对植物进行熏气，短期内叶片上出现坏死伤斑，利用伤斑面积与叶面积的比值表示植物受伤害程度。

三、实验材料、仪器和药品

1. 材料

盆栽监测植物（小麦、蚕豆等），监测分析用仪器和药品准备，检验人工熏气箱密闭性。

2. 仪器

（1）人工熏气箱 1 个，电子天平、叶面积测量仪、便携式二氧化硫检测仪各一台。

（2）10 mL 移液管 1 支。

3. 药品

亚硫酸氢钠、浓盐酸。

四、实验步骤

1. SO_2 熏气

将准备好的盆栽植物置于人工熏气箱内，称量亚硫酸氢钠置于反应槽中，平铺，往反应槽内缓慢加入浓盐酸，用便携式 SO_2 测定仪测定使人工熏气箱内 SO_2 浓度达到 10 ppm，熏气 24 h，熏气结束后取出监测植物，观察急性伤害症状。

2. 叶片受害面积测定

利用叶面积测量仪测定叶片伤斑面积。

3. 伤害评价

利用伤斑面积与叶面积的比值表示受伤害程度。

五、注意事项

1. 人工熏气箱使用前一定要仔细检验其密闭性。
2. 监测植物大小和生长势尽量要保持一致。

思考题

如何利用人工熏气法判断污染物浓度？

参考文献

[1] 董德明．环境化学实验．北京：高等教育出版社，2009

[2] 刘妙丽．水中苯和甲苯挥发速率的研究．四川师范大学学报，2007，9（5）：660～662

[3] 章惠珠，吴德军，许鸥泳．有机污染物挥发速率的几种模式及测定方法．环境科学丛刊，1986，7（9）：1～11

[4] 何艺兵，赵元慧，王连生等．有机化合物正辛醇 / 水分配系数的测定．环境化学，1994，13（3）：195～197

[5] 陈红萍，刘永新，梁英华．正辛醇 / 水分配系数的测定及估算方法．安全与环境学报，2004，4（增刊）

[6] 中华人民共和国国家标准．六价铬的测定　二苯碳酰二肼分光光度法．GB/T 28019，2011

[7] 王维，苏文利，高兴．水体富营养化评价方法及其应用．海河水利，2012（3）：6～10

[8] 李继红，王允飞．紫外法测定水中总氮校准曲线的改进．化学工程师，2004（12）：21～22

[9] 中华人民共和国国家标准．水质总氮的测定　碱性过硫酸钾消解紫外分光光度法．GB 11894，1989

[10] 中华人民共和国国家标准．水质总磷的测定　钼酸铵分光光度法．GB 11893，1989

[11] 肖敏，李丽，钟龙飞等．活性炭吸附法处理印染废水的研究．辽宁化工，2009，38（8）：537～539

[12] 张素玲，郭中伟，史凯莹．活性炭处理色度废水的研究．河北化工，2006，29（4）：54～56

[13] 黄进，王斌．光催化氧化降解水中有机污染物技术综述．重庆环境科学，2010，23（5）：30～34

[14] 丰骁，段建平，蒲小鹏．土壤脲酶活性两种测定方法的比较．草原与草坪，2008（2）：70～73

[15] 中华人民共和国国家标准．环境空气总悬浮颗粒物的测定——重量法．GBT 15432，1995

[16] 王秋长，赵鸿喜，张守民，李一俊．基础化学实验．北京：科学出版社，2003

[17] 南京大学《无机及分析化学实验》编写组．无机及分析化学实验．北京：高等教育出版社，2006

[18] 刘庆余、吴扬．基础化学实验技术．天津：南开大学出版社，2012

[19] 赵滨、马林、沈建中．高等学校教材・无机化学与化学分析实验．上海：复旦大学出版社，2008

[20] 任丽萍、毛富春．无机及分析化学实验．北京：高等教育出版社，2006

[21] 李志林，马志领，翟永清．无机及分析化学实验．北京：化学工业出版社，2007
[22] 王英典，刘宁主编．植物生理学实验指导．北京：高等教育出版社，2001
[23] 国家环境保护总局编著．水和废水监测方法．第四版．北京：中国环境科学出版社，2002
[24] 张志杰编著．环境保护生物学．北京：冶金工业出版社，1982
[25] 孔繁翔主编．环境生物学．北京：高等教育出版社，2000
[26] 鲁如坤主编．土壤农业化学分析方法．北京：中国农业科技出版社，2000
[27] 周启星，孔繁翔，朱琳．生态毒理学．北京：科学出版社，2004
[28] 南京大学环境生物学教研室编．环境生物学实验技术与方法．南京：南京大学出版社，1989
[29] 张清敏主编．环境生物学实验技术．北京：化学工业出版社，2005
[30] 陈建勋，王晓峰．植物生理学试验指导．广州：华南理工出版社，2002
[31] 中国科学院南京土壤研究所微生物室编著．土壤微生物研究法．北京：科学出版社，1985
[32] Organization for Economic Cooperation and Development (OECD). Guideline for testing of chemicals No.207. Earthworm, acute toxicity tests. Paris: Organisation for Economic Cooperation and Development, 1994
[33] 李亚宁，周启星，曾文炉．四溴双酚-A 对小麦种子发芽及根伸长的影响．农业环境科学学报. 2008，27：1907～1912
[34] Yaning Li, Qixing Zhou, Fengxiang Li, Xiaoling Liu, Yi Luo. Effects of tetrabromobisphenol A as an emerging pollutant on wheat (*Triticum aestivum*) at biochemical levels. Chemosphere, 2008, 74: 119～124
[35] Waters Corporation. Waters Quattro Premier 液质联用仪的使用与维护保养标准操作规程（SOP）．2004
[36] Yaning Li, Qixing Zhou, Yingying Wang , Xiujie Xie. Fate of tetrabromobisphenol and hexabromocyclododecane brominated flame retardants in soil and uptake by plants. Chemosphere, 2011(82): 204～209

南开大学出版社网址：http://www.nkup.com.cn

投稿电话及邮箱：022-23504636　QQ：1760493289
QQ：2046170045(对外合作)
邮购部：022-23507092
发行部：022-23508339　Fax：022-23508542

南开教育云：http://www.nkcloud.org

App：南开书店 app

南开教育云由南开大学出版社、国家数字出版基地、天津市多媒体教育技术研究会共同开发，主要包括数字出版、数字书店、数字图书馆、数字课堂及数字虚拟校园等内容平台。数字书店提供图书、电子音像产品的在线销售；虚拟校园提供 360 校园实景；数字课堂提供网络多媒体课程及课件、远程双向互动教室和网络会议系统。在线购书可免费使用学习平台，视频教室等扩展功能。